3D.comの製品開発の歴史

画期的な新製品を次々と発売。手軽に、手頃な価格で、
立体映像が家庭で楽しめることをこころがけて開発してきました。

3DTFT-15V（3D裸眼立体視液晶モニター）

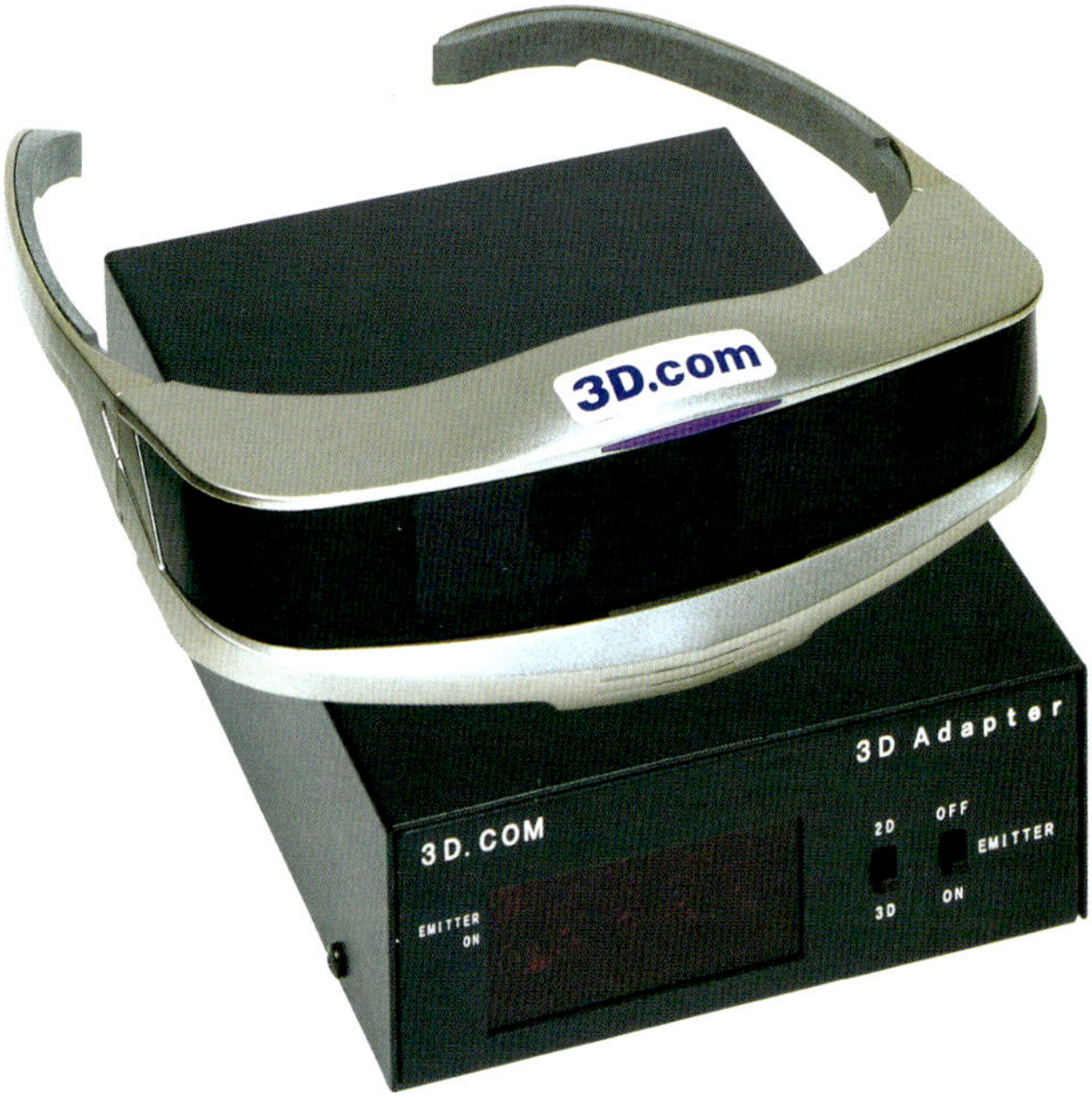

3D Adapter

3DPC WORKSTATION

３次元立体映像マルチメディアビジョン

3DPCモニター（3D変換システム内蔵）

Nu-View（3Dビデオ・カメラ・アダプター）

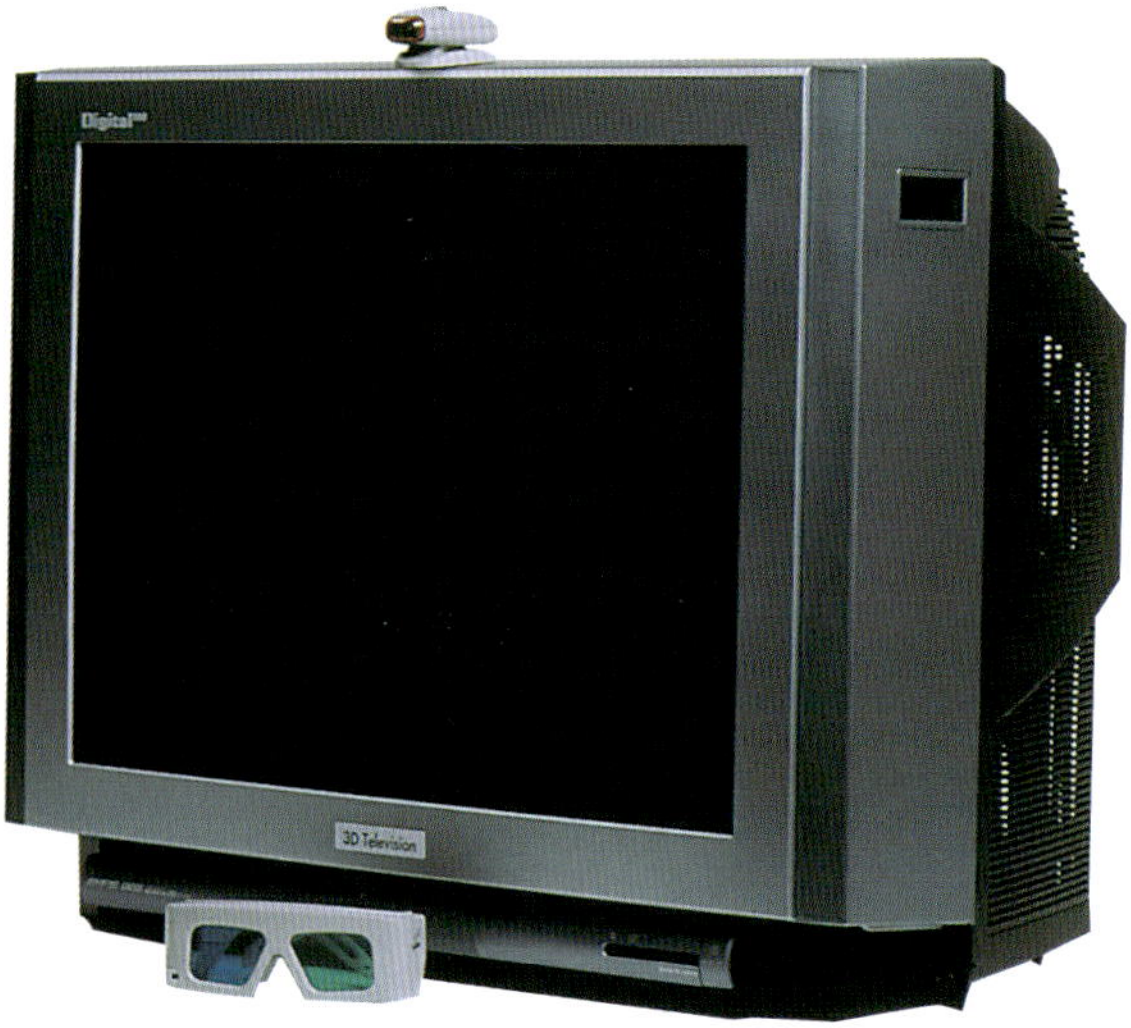

3D VISION（29型立体デジタルテレビ）

3D BOX SUPER

3D BOX-1

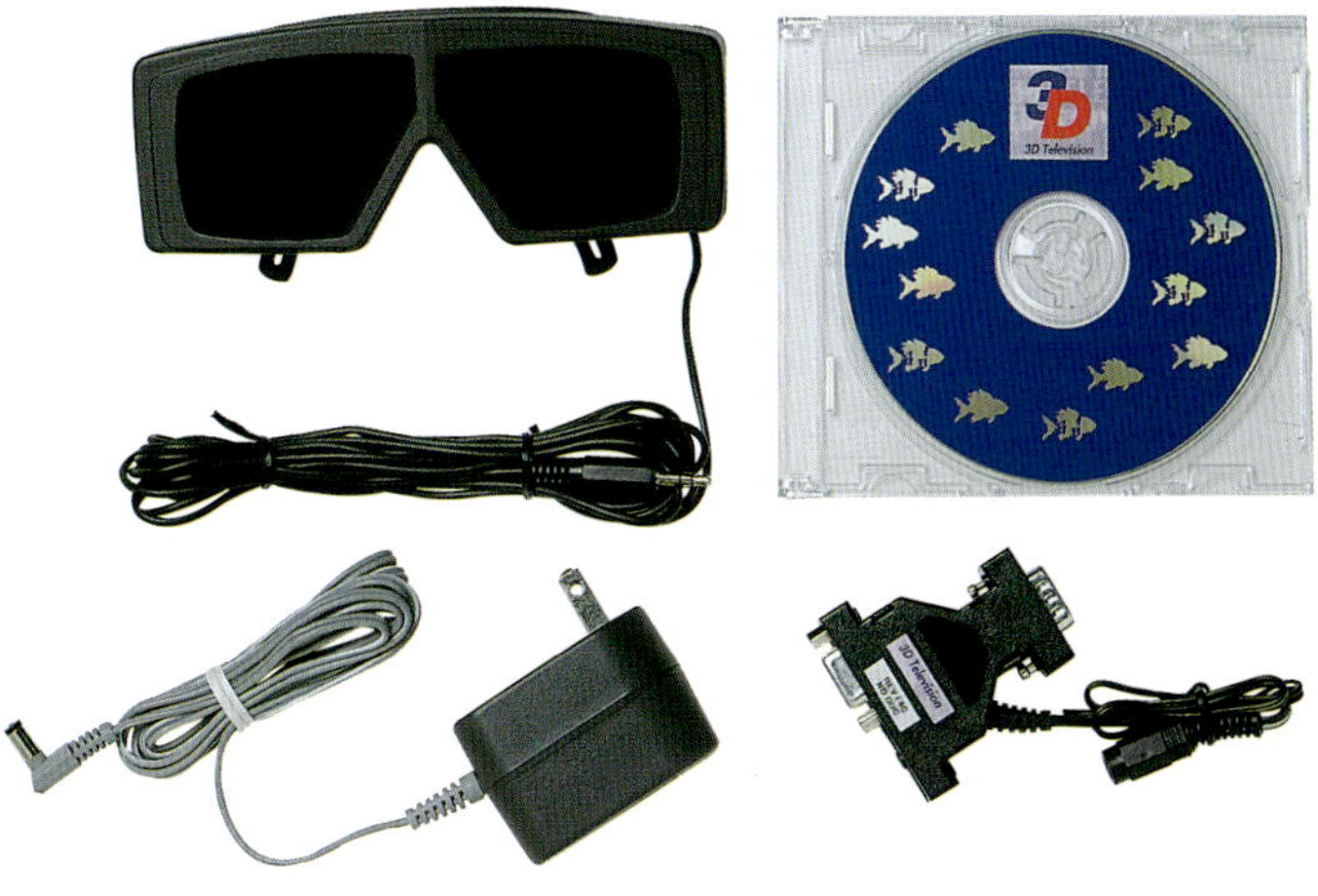

3D BOY　パソコン用2D/3Dコンバーター

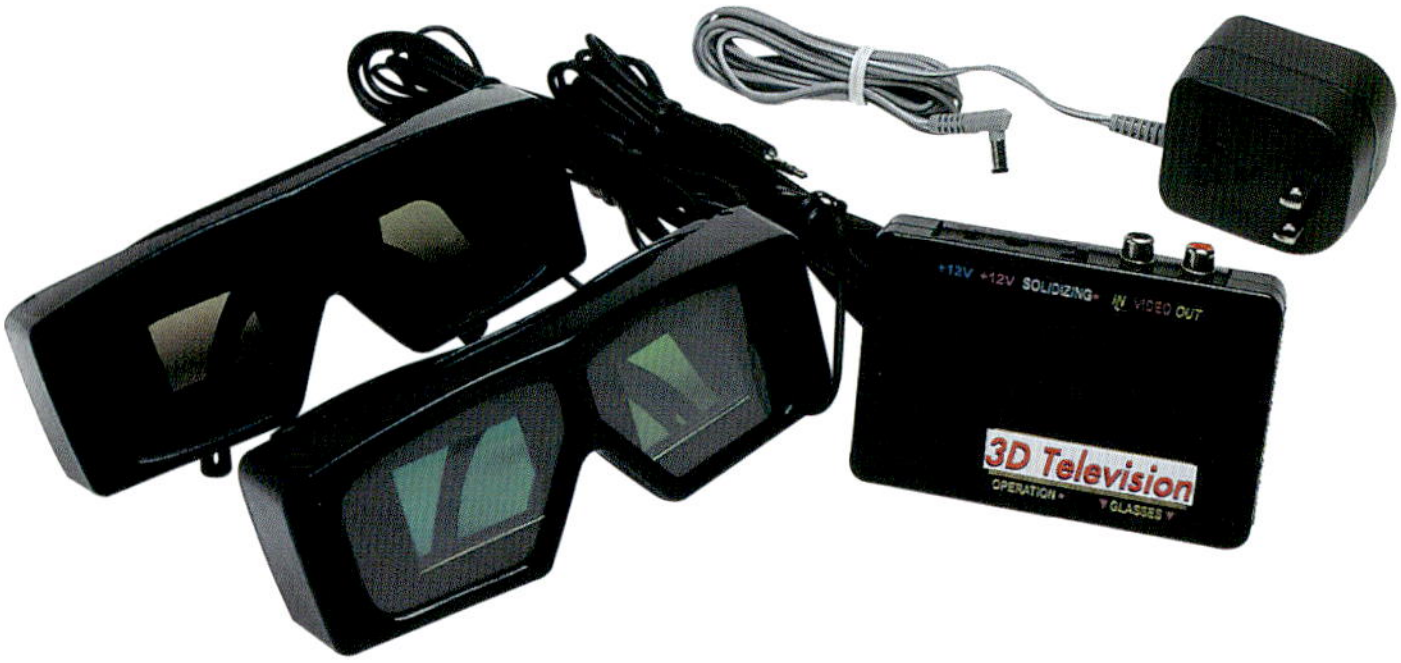

2D/3Dコンバーター

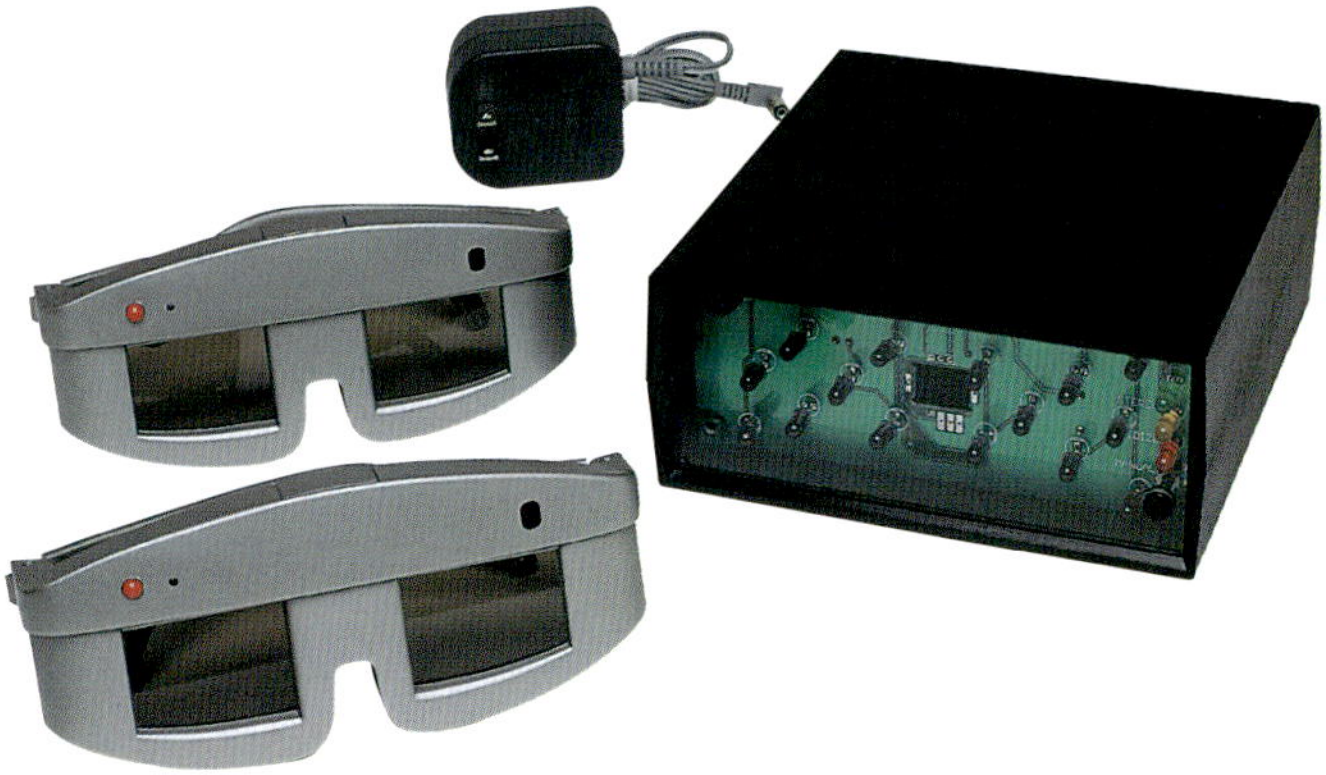

2D/3Dコンバーター

立体映像革命

茶の間に立体映像がやってきた!

吉岡 翔［著］

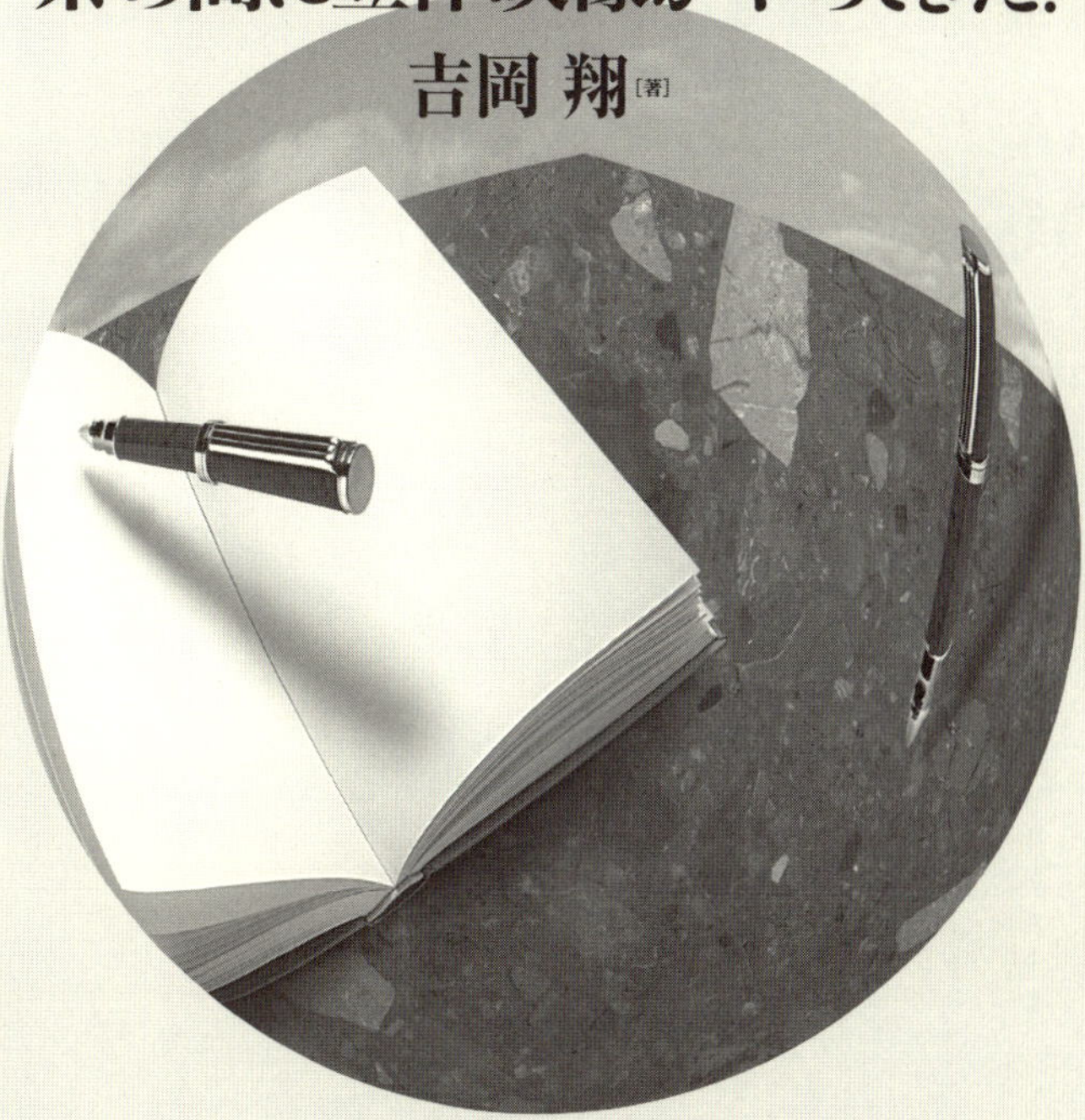

財界研究所

はじめに

二〇〇一年九月に、インフォプラント社によって実施された「立体映像（３Ｄ）に関するマーケティング調査」によると、「家庭で立体映像を見てみたい」という回答が八割を超えている。

インフォプラント社は、日経事業出版社にｅビジネスに特化した情報を提供している会社で、この調査は、自宅にテレビを持つ二十歳以上のインターネットユーザー三百名を対象として実施したものだ。この調査によると、「近い将来、家庭で立体映像を楽しめるテレビができたら、その映像を見てみたいと思うか」という質問に対して、「ぜひ見てみたい（四二パーセント）」と「できれば見てみたい（三九パーセント）」の回答が合わせて八一パーセントで、立体映像に対する期待の高さがうかがえる。

「見てみたい」の理由としては、男女年齢を問わず、立体映像（３Ｄ）の「迫力」や「臨場感（リアル感）」を上げる回答が大多数。一般家庭における立体映像といえば、テレビが主となるであろうが、ともあれ、３Ｄ映像に対する期待がますます高まってきているのは間違いない。

それも当然だ。テレビの場合、まず白黒テレビが誕生し、次いでカラーとなり、さらに高品位テレビへと進化しているが、次に視聴者が求めるものは何かといえば、もはや二次元の世界にはそれに応えるものはないのではないか。そうなるとすれば、次は必然的に三次元の世界、３Ｄ（立体映像）となる。

これまでにも、立体映像がなかったわけではない。立体写真や立体映画などだ。しかし、これらは真の意味で大衆のニーズに応えきっておらず、一時的なブームに終わったり、一般大衆に広く浸透することはなかった。

それが、ここへ来て急激に大衆のニーズに応える３Ｄが生まれ始めた。その立役者となっているのが、３Ｄ映像機器の開発・製造・販売等の事業に携わるスリーディィ・コム社だ。

同社は二次元映像を立体化する画期的な技術やメガネなしの立体テレビなどを次々と開発。本格的な３Ｄ世紀のパイオニアとして、大衆化された３Ｄ時代を築き上げようとしている。これらにより３Ｄ映像が一気に茶の間に入り込む環境が整い、その気運は高まっているが、そうした進んだ３Ｄの現状や実態が一般的にはあまり知られていないのも事実だ。

本書は、待望の３Ｄ時代を迎えて、立体映像（３Ｄ）の実情や歴史、その技術開発の経過や進展状況、活用法、将来像などを、スリーディィ・コム社の取材を中心に詳述するものである。誰でもが、気軽に、楽しく利用できる３Ｄ時代は、すぐそこまで来ている。

二〇〇二年早春

著者識

目次

【第二章】スリーディ・コムの成り立ちと今、そしてこれから

[9] トピックスで見るスリーディ・コムの移り変わり

▼「スリーディテレビジョン（株）」から「スリーディ・コム（株）」へ商号変更
▼第八回産業用バーチャルリアリティー展リポート
▼有線ブロードネットワークスとのジョイントビジネス展開
▼日本中央競馬会（JRA）とのジョイントビジネス展開
▼HONDA青山ショールームに「3D VISION」設置
▼宇宙開発事業団ショールームに「3D VISION」設置
▼3D・Com新事業発表会開催、約五〇〇名が来場
▼主要メディアを集めて「3D体験会」を実施
▼3Dミニシアター、ショールームに設置
▼日本テレビ本社にて「デジタル放送技術展」開催
▼楽天市場サイトに「立体玉手箱」リニューアルオープン！
▼秋葉原ツクモ五号店に「3Dコーナー」開設
▼三次元映像スクール・PCコース開講、PC販売強化に特約店を募集！
▼二〇〇一年を迎え、外越社長が年頭の挨拶
▼ネット販売強化！ホームページ再リニューアル、バナー広告出現
▼立体写真集CD—ROM製品化、立体写真を使った応用商品も受注開始
▼四月よりBSデジタルテレビで放送事業開始

▼当社が第七回冬季「スペシャルオリンピックス」世界大会協賛企業に
▼山梨県八田村に3Dミニシアター納入、引き続き同県春日居町にも
▼教育関係者から弊社3Dシステムが高評価、教育現場にシステム導入へ
▼代理店への技術・販売研修会、いよいよ開始
▼四国・香川県に3Dテーマホテルを展開
▼3Dシアターシステムを使ったプレゼンテーション
▼四万人が来場、香川テクノフェア二〇〇一初参加
▼大好評だった迫力ある立体空間ゲーム
▼光高速回線の利用で3Dリアルタイム放送が可能!?
▼海外展示会初参加、韓国ITフェアー
▼3D革命が九州に上陸!
▼3Dの祭典「スピカ　サマースペシャル」に二万五〇〇〇人が来場!
▼第十五回「ダイレクト・マーケティング・フェア」に出展
▼独自でユニークな技術が集結。東京ビッグサイトで開催の「産業交流展二〇〇一」に出展
▼「ドッグ&デイキャンプ・イン・こどもの国」に参加
▼第十四回「全国マルチメディア祭インやまなし」に出展

カヴァー写真＝平山法行
カヴァージャケット作成＝佐藤睦美＋杉山健慈

【第一章】

大ブームの兆しから定着へと歩む、3D（立体映像）とは？

【1】3D(立体映像)とは何か? なぜ立体に見えるのか

パソコン用やTVゲーム用、携帯電話用、さらに通常のテレビにも、3D関連ソフトや機器が急増している。

一九六〇年代にはメガネ3D映画がブームになり、一九九〇年代には3Dのポスターがブームになった。そして今、そうしたブームに続いて、3Dのブームが起こりつつある。それも、大ブームになりそうな兆しだ。しかも今度は単なるブームに終わらず、3Dが一般社会や市民生活に定着しそうな気配が濃厚である。

そんな3Dブームをリードしているのが、従来の3D世界を完全に一新、まったく新しい発想から生まれた3Dテクノロジーを開発・推進している「スリーディ・コム」だ。

スリーディ・コムの外越久丈社長は、こう語る。

「今度の3Dブームは一過性のものではありません。これまでのブームとは状況が違います。そこには当社の影響力が大きいわけですが、3Dが定着することは間違いありません。今や、3Dは映像の進化の流れの中に確固たる位置を築きつつあり、次に映像の世界を支配するのが、３Ｄなのです。

たとえば、日本でテレビ放送がスタートして半世紀、当初は白黒だったテレビもまもなくしてカラーになった。このカラーになるときは、必ずしも誰もが全員、歓迎したわけではありません。目が疲れるとか、目に悪いといった声が少なくなかった。しかし、それもあっという間に受け入れられて、白黒テレビはカラーテレビに取って代わられました。当然です、カラーのほうが〈現実〉に近いのですから。

そのカラーテレビも、さらに現実に近づけるために高品位テレビへと進化していますが、ただ、〈普通〉と〈高品位〉との差がそれほど大きくないためか、高品位テレビの人気はイマイチです。そこで次に必然的に登場してくるのが、〈立体映像＝３Ｄテレビ〉となるわけです。現実の世界は３Ｄの世界なのですから、テレビだってそうなっていくのが、自然の流れなのです」

もちろん、３Ｄはテレビだけのものではない。３Ｄを応用できるものは、数限りなく多い。第一章では、今後、ますますその知識が必要となってくる３Ｄについて、要点をまとめておこう。

3Dとは、〈映像を三次元的に再現する方式〉

本書で取り上げている3Dは、3D映像のことである。コンピューター関係の専門技術に特化している、難しい3Dではない。赤と青のメガネで昔から大勢の人たちが楽しんできた、あの立体映像のことだ。

その3Dとは、「映像を三次元的に再現する方式」のことをいう。ほとんど意識をしないで使っているが、まず二次元とか三次元という言葉の「次元」とはどういう意味か。「広辞苑」で引いてみると、次のようになっている。

①〔数〕一般的な空間（数学的空間）の広がり方の度合いを表わすもの。たとえば、直線は一次元、平面は二次元の空間である。通常のユークリッド空間は三次元であるが、n次元や無限次元の空間も考えられる。

②〔理〕任意の物理量を、時間・長さ・質量などを基本量とし、定義や法則を利用して、それらの積として表現したもの。

③転じて、物事を考える立場や、その着目している面。

本書で使用されるのはもちろん、①の意味だ。

また、三次元とは、「次元の数が三つあること。縦・横・高さのように、三つの座標で表わされる広がり」(「大辞泉」)、つまり〈立体〉のことをいう。三次元の空間は、面である二次元空間に、さらに奥行きが加わった立体の空間を意味する。

この三次元空間こそが、われわれ人間が生活している空間であり、三次元空間内で定められる物体を「三次元物体」または「立体」という。われわれが手にするものや、われわれ自身も三次元物体だ。

なお、三次元空間内に立体として視覚に映る像(イメージ)を、「三次元映像」「立体映像」「空間映像」「ステレオ映像」などと呼ぶが、本書では主として「立体映像」という言葉を使う。

右目と左目の視差が生み出す立体感

二台のカメラで撮影し、二台の映写機で写すステレオスペース方式によるもの、一台の撮影機、映写機ですべてまかなう七〇ミリ立体映画、コンピュータ・グラフィックスを使って画像をつくったものなど、様々な立体映像がある。

本書では立体画像、立体映像の「画像」と「映像」はほとんど使い分けておらず、同じような意味で使っていることが多いが、その区分けとして、「画像」は「観察者に提示される物理的刺激という意味に重きを置く場合に用いる」、「映像」は、「その番組内容や意味、文化的役割を含めソフトとしての価値について言及する場合に使用する」というように使い分ける専門書もある。

人間の視覚というのは、奥行きや物体の三次元の形状を知覚するために、様々な手がかりを用いている。たとえば、両眼の網膜像のわずかなズレ——、両眼視差を用いた両眼立体視によって三次元空間を知覚するし、また、物体の回転運動からも三次元形状は知覚される。その他にも、形状を知覚するために、輻輳（両眼による注視点の見込角）、焦点調節、陰影、網膜像の大きさ、輪郭線の形状、遮蔽関係などを用いている。われわれ人間はこうした情報を統合することで、いわゆる三次元を知覚しているわけだ。

簡単に言えば、立体的に見える原理は、画像を見る両目の視角を変えること。つまり、普通、人間の右目と左目はそれぞれ微妙にズレた画像を見ており、それによって遠近や、モノの三次元的な姿が把握できる。右目と左目が同じモノを見ていないことが、立体感を生み出しているのだ。

だから、立体視するためには、右目で見た画像と左目で見た画像をスクリーンに投影し、左右の目にそれぞれの画像を送り込まなければならない。

そこで、この両眼視差を利用した立体映画では、スクリーンには「右目用」と「左目用」の画像が同時に映写され、観客は赤・青の色メガネで区別をするか、光の振動方式で区別する偏光フィルターなどの特殊なメガネをかけてそれを見る。これによって右目用の画像は右目だけに、左目用の画像は左目だけに届くことになり、映像は立体として浮かび上がってくるというわけだ。

なお、近年はメガネなしでも、立体映像を体験できるようになっている。

立体視をさせる立体ディスプレイの種類

人間が立体視するためには、立体ディスプレイが必要だが、立体ディスプレイは人間が立体視できるような視差映像をそれぞれ、右目、左目に与えている。現在、そうした立体ディスプレイはいろいろ開発が進められており、それらの多くはこの両眼視差を手がかりとしたものである。

また、もっと自然な立体ディスプレイを実現するために、現実の世界の対象物からの反射波そのものを再現しようとする手法もある。

そうした立体視をさせる立体ディスプレイとして、「メガネ式の３Ｄ」「メガネなしの３Ｄ」があり、それらにはいくつかの方式があるが、主なものをあげると次のようになる（なお、方式の分類の仕方はこれ以外にも種々ある）。

◎メガネ式立体ディスプレイ

●「偏光メガネ式立体ディスプレイ」――物体からの反射光を、偏光子と呼ばれるフィルムを通過させることにより、ある方向に振動する光のみを取り出すことができる。物体からの反射光は、一般に垂直・水平方向に振動しているが、この光が偏光フィルムに入射すると、フィルムの吸収軸の方向に振動する光は吸収され、偏光軸方向の光のみが通過する結果、出てきた光は一方向に偏光している。この現象を利用したのが、偏光メガネ式立体ディスプレイである。

●「液晶シャッター方式立体ディスプレイ」――メガネに液晶のＯＮ／ＯＦＦを利用したシャッター方式。ある瞬間に右目にのみ映像を入射、次の瞬間には左目のみに映像を入射するようにシャッターメガネでＯＮ／ＯＦＦする。右目に入る映像と左目に入る映像は、一つのディスプレイで映像を交互に再生される。メガネなしでこの映像を見ると、映像は二重になって見えるが、液晶シャッターメガネをかけて見ると、二つの左右の目に選択的に別々に入るため、立体映像として見ることができる。

●「ＨＭＤ（Head Mount Display）」――左右の目の直前に二つの映像を提示して、それを覗き込むディスプレイ。メガネの格好をしており、メガネに映像が映し出されるが、メガネサイズの映像では小さすぎて見にくいので、レンズやミラーなどで拡大する必要がある。

◎メガネなし方式立体ディスプレイ

●「レンチキュラ方式立体ディスプレイ」――見る角度によって絵が動くディスプレイ。半円筒状のレンズによりディスプレイ上に再生された左右映像を分離して、左右の目に別々に入れることにより立体ディスプレイを作ることができる。

●「パララックスバリア方式立体ディスプレイ」――スリット状の光学的なバリアにより左右映像を分離する方法。イメージスプリッタ方式とも呼ばれる。等間隔の多数のスリットを有するパネルを置くことにより、メガネなし立体ディスプレイを作ることができる。

●「バックライト分割式立体ディスプレイ」——二台の液晶ディスプレイに左右の映像を再生。バックライトからの光の指向性を見る人の位置に合わせて自動的に変化させることにより、立体ディスプレイを見ることができる領域を拡大している。

●「多眼式（八眼式）立体ディスプレイ」——二眼でなく多眼（八眼）で見るために、より多くの情報をもった立体映像を見ることができる。また、眼の位置を変えると、次々と映像が変わり、正面からだけでなく側面に近いところからも見ることができ、見る位置の制限も著しく緩和される。

メガネ方式は、その歴史が長いだけに概して技術の完成度が高く、大画面で多人数向けのイベントなどの立体に適しており、一方、メガネなしの３Ｄは個人ユースに適していて、今後のさらなる発展が期待される。

［2］三次元映像の歴史と今後の方向

立体映像についての人々の関心は、歴史的に古くからあり、近年になってからは、それは押し寄せる波のように、急にやってきては直に引いていくというように、いくつかのブームを繰り返した。

そうした立体映像の歴史と、今後3Dはどのようになっていくのかを見てみよう。

三次元映像の始まりから今日まで

紀元前二八〇年、ギリシャの数学者ユークリッドがモノを立体に見ることができるのは、二つの眼の視差によるものであることを発見しているが、三次元映像、立体映像に対する関心は古くからあった。一六〇〇年頃、ヨーロッパの当時の画家によって、両眼視差による立体画が描かれている。

また、長い廊下や家並みが続く街の光景を表現しようとするときなど、一点を定め、そこに両側から伸ばした延長線が交わるように描く。このような画法を「線遠近法」または「線透視図法」と呼ぶが、この線遠近法は、立体感を出す錯視的効果があるため、ヨーロッパではルネッサンス時代（十四〜十六世紀）に、盛んに行われた。日本でも十六〜十七世紀の南蛮美術のなかに取り入れられ、特に線遠近法が強調された「眼鏡絵（めがねえ）」と呼ばれる浮世絵がある。

これ以外にも立体感については、絵画の技術により、描く物体の大きさの違いや陰影の付け方、透視図法などにより、昔から様々に試みられてきた。しかし、これはあくまでも立体感であって、三次元映像ではない。

本当の立体――、両眼の視差による三次元映像は、十九世紀半ばのヨーロッパで、立体写真によって初めて試みられた。二枚の写真を左右の目で振り分けて見るための立体鏡（のぞきメガネ）も作られ、改良が進んだ。十九世紀末には、多くの遊技場に設置され、人気を呼んだ。

なお、近年や現在の三次元映像に関する研究や開発も、十九世紀後半、二十世紀初頭においてすでに考案された原理を発展させたものが少なくないといわれる。

立体写真による静止画立体の時代を動画立体の時代に変えたのが、二十世紀直前の映画の発明である。一八九五年、フランスのリュミエール兄弟によって活動写真機（シネマトグラフ）が発明され、これまでいろいろ試みられてきた「映画」というものが完成した。

次いで早くも一九〇〇年頃、立体映画（ステレオ方式とシネラマ方式）がフランスで考案され、また、コダックは最初のステレオカメラを発表した。

一九〇九年に一本のフィルムで左右の画面を投影する方法が考案され、一九一〇〜一九二〇年代にレンチキュラ（見る角度によって絵が動くもの）が考えられた。

一九一五年にはニューヨーク市の劇場で３Ｄが初めて公開され、一九三六年のアナグリフ式（二色のメガネを使って、一枚の絵や写真に補色関係にある二色で印刷された画像を立体視する方式）立体映画の上演に続いて、一九三九年に開催されたニューヨークでの偏光メガネ式映画は、翌年、カラーで公開上映され、延べ五〇〇〇万人以上のアメリカ人が見た。

一方、一時期、旧ソ連で盛んに３Ｄの研究が行われ、一九四一年にはモスクワで初めてメガネ不要の立体映画を上映。これらの研究の成果による立体映画が、一九七〇年の大阪万国博覧会で上映されたが、必ずしも評判は良くなく、以後次第に旧ソ連での３Ｄ研究は下火になっていった。

一九八〇年代の半ば以降、つくば科学博（一九八五年）などの博覧会を中心に様々な立体映像のソフトが紹介され、科学館やプラネタリウムにも立体映画が登場した。カナダのアイマックス社は、ソフトだけでなく、映画館などのハード面も規格化して立体映画に力を入れている。

立体テレビについては、主に医学用、工業用、教育用などの利用のための開発が進められてきたが、一九七四年に日本初のアナグリフ方式の立体テレビ番組「オズの魔法使い」（日本テレビ）が放映され、一九八〇年代からは、立体映画から立体テレビへと主たる研究、開発が移行していった。

一九八五年のつくば科学博に、特殊メガネをつけなくても立体的に見える立体テレビを松下電器が出展。この試作品は、右目と左目にそれぞれ異なる方向から画像が入るように工夫し、メガネなしの立体画像を可能にした。

また、ＮＨＫは一九八九年の「技研公開」において、世界初のハイビジョン立体テレビを展示したが、これはメガネを使用していた。次いで一九九〇年の「技研公開」では液晶投射型メガネなし立体テレビを一般公開、注目を集めた。

一九九五年には三洋電機が家庭用３Ｄワイドテレビ「立体ビジョン」を発売したが、価格が高かったことや時期尚早だったことなどから、あまり売れなかった。一九九六年にはＮＨＫ技研がメガネ不要で視点が少々動いてもいい立体テレビを開発。これは、視差がある四つの映像を次々と切り替えながら表示することで実現した。

一方、世界では、イギリスのデルタ・グループが「ディーブ・ビジョン」という受像機に特殊スクリーンを装着するメガネ不要の新方式立体テレビを開発。さらにアメリカのマサチューセッツ工科大学（ＭＩＴ）でホログラフィー映像をコンピュータで次々に作り出す立体テレビ「ホロテレビ」が開発された。

このように、立体テレビについて研究開発が進められているが、一般大衆に受け入れられるものにするためには、まだまだ解決しなければならない課題は多い。

今、そして今後広がっていく3Dの応用分野は？

さまざまな３Ｄに関する情報や、関係書などから判断すると、これまでふれてきたように、映画や放送については、研究・開発がさらに進み、立体シアターや立体放送が一般の社会生活により密着したものになっていくことは、まず間違いない。

それ以外の３Ｄの応用分野では、現段階で考えられるのは、大きくみると、「立体があればいい、おもしろいだろう」という分野と、「立体でなければならない、絶対に必要である」、という分野に分けられる。

前者はアミューズメント（娯楽）の分野であり、後者は医療や教育関係（博物館や美術館など）の分野だ。

もともと、３Ｄはテーマパークやゲームなどアミューズメント施設への応用が多く、つくば博や花博をはじめ各地のテーマパークでは、必ずと言っていいほど大画面の立体映像が上映されてきた。その人気は今も高く、集客力を誇っている。また、現在人気のあるゲーム機への応用はますます増えていく傾向にある。

一方、今後の立体のアミューズメント分野への応用では、立体映像のバーチャルリアリティ（仮想現実）を、いろいろに楽しむものが増加していくだろう。この関わりでは、あたかも現実の世界であるかのような認識が与えられ、迫力や刺激などが倍増される。

もっとも、立体のバーチャルリアリティへの応用に関しては、娯楽ばかりでなく、医療、教育、建築設計、科学技術計算、コミュニケーション、交通、臨場感通信、遠隔操作分野など非常に幅広く、ほとんどすべての分野にわたると言ってもいい。

医療分野については、診断や治療を正確に行う必要性から、立体視に対する要求は強い。今後は、立体特有の奥行き情報を利用することにより、医療の診断、手術支援の分野への応用が進められていくと思われる。

教育関係においては、博物館や美術館では、投射型の大画面ディスプレイが利用され、美術作品や考古・歴史・民俗資料などの紹介が行われているが、それらへの３Ｄの応用は、現実に近い姿で再生されることから、非常に有効なものになる。すでにこうした教育への応用として、一部の科学館や展示会で立体映像が利用されており、次世代の博物館、美術館その他の教育関係機関で数多く立体ディスプレイが導入されるのは、そう遠い日のことではあるまい。

さらに、

「３Ｄはこんなところにも利用・応用ができ、こんなに役立つものなのか」

といったように、意外な利用・応用（実際は少しも意外ではないのだが）が続々と行われていく日が来るだろう。それもそんなに遠い先ではない日に――。

【第二章】スリーディ・コムの成り立ちと今、そしてこれから

【1】さまざまな変遷を経てスリーディテレビジョン設立

スリーディ・コム株式会社は、外越久丈社長が設立した会社だ。二〇〇〇年六月に、スリーディテレビジョン株式会社が社名を変更して、スリーディ・コムとなった。

そのスリーディテレビジョンが設立されたのが一九九八年十一月で、これが当社の創立となるのだが、社名が変わった二〇〇〇年六月も、三次元立体映像（3D）に関する新製品の開発・販売が本格化された時として、当社にとって非常に重要な意味を持っている。

どちらにしろ、創業してからまだ日も浅いが、それまでには様々な経緯・変遷があった。

●●●●・通信衛星会社への機器の売り込みが、この事業とのきっかけ

外越社長の経歴やこれまでの人生等については第四章でふれるが、いろいろな仕事を経験してきた外越氏は、今から一〇年以上前、衛星通信機器（アンテナチューナー）を作る仕事に携わっていた。

その頃、通信衛星を使った放送事業の一社に、外越氏がアンテナチューナーを売り込みに行ったのが、今のスリーディ・コムの事業を始めるそもそものきっかけとなる。

外越社長は、当時を振り返ってこう語る。

「当時、通信衛星を利用して直接、家庭に配信するデジタル放送を始めようということで、日本には三つの衛星通信会社があり、そのなかで三番目に設立されて、衛星の打上げ準備をしていたサジャックという衛星通信会社がありました。この会社は後日、日本サテライトシステムズ（J―SAT）に合併されるのですが、このサジャックを訪問し、いきなり、

『社長に会わせてほしい』

と言ったところ、その社長がわざわざ応対に出てきてくれたのです。そして、

『これはおもしろそうじゃないか』

ということで、担当の役員たちを集めてくれ、その場で受信できるかどうかなどを実験したりして、結局、それから行き来が始まるようになりました。

こうした衛星通信会社というのは、衛星を持っているだけです。当時は衛星を使ってビジネスをする会社は少なく、また、そこから利益をあげている衛星通信会社は経

営が苦しかった。それならということで、自分たちで川上から川下までやる事業を始めようじゃないかという気運になっていきました」

そこで、そうした川上から川下までやる通信衛星放送会社を作るために、J—SATが中心になり、DMC（デジタル・メディア・コミュニケーション）という企画会社が作られた。その社長に先のサジャックの社長が就任し、その縁で外越氏も参画することになった。この会社で種々の企画が発案・検討され、「これなら事業としてやっていける」となって、パーフェクTVが設立された。それが現在のスカイパーフェクTVだ。

パーフェクTVの役員連中は、衛星通信会社や地上波TVなどの「お偉いさん」だった人たち。マスメディアのことは専門でも、ナローメディアの経験は少ない。そこで、外越氏らは独特な専門TVの設立に動き、委託放送会社を設立することとなった。それが外越氏と放送事業との最初の関わりだ。

●●●●・パーフェクTVとスカイパーフェクTV

ここで外越氏が経験した流れをわかりやすくするために、パーフェクTVとスカイパーフェクTVなど、CSデジタル放送やデジタル多チャンネル衛星放送のこれまでの経過について、簡単に説明しておこう。

まず、CS（コミュニケーション・サテライト）とは、通信衛星（静止衛星）を中継センターとして利用した委託放送事業である。このCS、通信衛星によるデジタル放送をCSデジタル放送という。

従来のアナログ放送はひとつの電波にひとつの映像しか乗せられず、音声は別の電波で送る必要があった。これに対してデジタル放送はひとつの電波に複数の映像や音声などを乗せられるほか、品質を落とさずに情報を圧縮できるため、アナログ放送一チャンネルの周波数帯で四～八チャンネルを設定できた。

また、コンピュータを使って情報をコントロールしやすく、視聴者側からの注文による情報も送れる〈双方向性〉をも可能にした。

このCSデジタル放送は、デジタル技術を用いているため、一〇〇チャンネル以上の多チャンネル、高画質、高音質が特徴だ。アメリカでは、一九九四年六月、ヒューズ社が事業を開始した。ディレク・ティービー（DIRECTV）だ。

「デジタル多チャンネル衛星放送」とは、デジタル圧縮技術を利用して周波数を有効利用することにより、多数のチャンネルを持つ衛星放送サービスのことだ。

日本では、日本サテライトシステムズ、伊藤忠商事、日商岩井、三井物産、住友商事が日本デジタル放送サービスを設立し、一九九六年十月、「パーフェクTV」の名称で通信衛星を使って、デジタル多チャンネル衛星放送の本放送を開始した。

一方、ディレクTVインターナショナル、松下電器、三菱電機、カルチュアコンビニエンスクラブなどが出資するディレク・ティービー・ジャパンも、一九九七年十二月、「ディレクTV」の名称で本放送を開始した。

その後、一九九八年五月に、CSデジタル放送のパーフェクTVを提供していた日本デジタル放送サービスと、CSデジタル放送サービスを計画中だったJスカイBとが合併し、新会社の日本デジタル放送サービスが「スカイパーフェクTV」の名称で放送を開始した。JスカイBの株主であったソニー、フジテレビ、ソフトバンクなどが参加しただけに、ソフト供給その他の面で相当に強化された。

なお、後発のディレクTVは契約者数を伸ばせず、その事業はスカイパーフェクTVに統合された。

こうしたCSデジタル放送の加入者数は二〇〇万人を超えたが、番組提供事業者の経営は苦しく、撤退する業者が出始めたが、そんななか、二〇〇〇年十二月からは放送衛星を使うBSデジタル放送が開始された。

さらに今後は、二〇〇三年からデジタル方式の地上波による地上波デジタル放送が始まる。三大都市圏から始めて順次全国に拡大。二〇一〇年にはアナログ放送を全廃する計画だ。ただ、アナログからデジタルに切り替える費用が膨大なため、放送局側は必ずしも積極的ではなく、国費で移行に必要な費用を負担してほしいという声もあがっている。

地上波とは別なやり方で行く!

外越氏が通信衛星を使ったスカイパーフェクTVの放送番組事業を始めるなかで考えたのは、NHKや民放テレビなど、通常の地上波の放送のやり方と同じようにやったら、まず収益にはつながらないだろう、ということだった。

「当初、通信衛星放送事業をスタートしようとした時にいたメンバーのほとんどは地上波のテレビ局上がりの人たちでした。そういう人たちが考えるのは、地上波レベル、地上波放送と同じようなビジネスをしようということです。

しかし、パーフェクTVにはそれは通用しない。専門化された特殊なチャンネルがものすごくたくさんあります。即ち、マスメディアではなくナローメディアなので、通常の地上波と違って、いわゆる視聴率というのが出ません。ということは、地上波と同じようなセールスの仕方で勝負をしたならば、クライアントは納得しないわけです。

つまり、私には、地上波のように製作費をかけて番組を作り、オンエアして、『おもしろい番組でしょう。どうぞスポンサーになってお金を出してください』というように、クライアントにセールスする図式は初めからなかった、ありえなかったのです。地上波とは別なやり方で行くという、そういう考え方がベースにありました」と外越氏は語る。

そこで、外越氏は〈インフォマーシャルチャンネル〉——、インフォメーション（情報）とコマーシャル（広告宣伝）を組み合わせた造語を作り、このやり方で行くことにした。これは番組そのものを、情報伝達のコマーシャルにしようというもの。しかし、これでは郵政省（当時）は免許をくれなかった。

「そういうのは、今までに事例がない」

というわけだ。しかし、外越氏の〈インフォマーシャルチャンネル〉はそれを押し切って、しかも二チャンネルの免許をとった。ここで本格的に通信衛星放送と関わるようになる。

〈マイチャンネル〉――自己満足チャンネルという発想

外越氏が獲得した〈インフォマーシャルチャンネル〉では、テレビに本人や本人のグループ、本人の会社が出て、アピールしたり、PRする番組を流すことにし、番組の制作に入った。ただし、普通は番組に出る人は、出演料をもらうが、このチャンネルでは、番組に出た人やグループ、会社のほうでお金を出すことになる。スポンサー料ではなく、出演する人や会社の費用で経営するわけだ。番組全体が広告宣伝みたいなものなのだから、それは当然と言えるだろう。

この〈インフォマーシャルチャンネル〉の番組は、テレビとはいえ、地上波の番組などとはまったく比べものにならないほど、見る人は少ない。見る人は関係者か、ごく限られた一部の人だ。

要するにこのチャンネルは、番組に出る人、グループ、会社などのマイチャンネル、テレビに出て自分たちが満足すればいいという自己満足のチャンネルといえるだろう。外越氏のそんな発想から生まれたものだ。もちろん、他のチャンネルではそのようなことはやっていないし、やるはずもない。

これが当たった。通信衛星放送といえども、テレビだ。

「わたしはテレビに出ました」

「ウチの会社がテレビで紹介されました」

というだけで、それまでとは違って、何か偉くなったような気分になったり、それを知らされた人の目も「おっ！なかなかやるじゃないか」というように変わってくるものだ。テレビに出てアピールできるということは、非常に大きな意味を持つ。他ではなかなか得られない、大きなポイントを得ることができる。

テレビはそのような大きな影響力を持っているが、実際に信憑性というプラスの面も付け加えてくれる。いや、この面の力も大きい。

たとえば、さまざまな企業でＰＲビデオを作ったり、プロモーションビデオを作って、ユーザーや販売店、代理店などに配ることは多いが、もらうほうは、その会社が自分でＰＲのために作ったのだから、その内容については往々にして眉唾だとか、ウソッぽいと思ってしまうものだ。

だが、それが一回でもテレビで放映されたものとなると、状況は変わってくる。テレビに出るとなると、相応の取材があるだろう、台本もあるだろう、それに何といってもテレビだ、ということで、ぐーんと信憑性が上がってくるのだ。

こういうことを考えると、テレビに出ることのメリットは大きい。三十分番組で何千万円も取るのだったら、初めからお断り、NGだが、数十万円といった単位なら、乗ってくる人や会社は少なくない。だから、かなりの人気になった。

そうした「インフォメーション番組」で多かったのは、経済情報という形で自分の会社をPRするもの、自分のペットを紹介する番組、それに外越氏がスカイスポーツの愛好者だった関係から、同好の士たちのハンググライダー、パラグライダーなどのスカイスポーツの番組などが企画された。そういうマニアックなスポーツでは、

「自分はこういうことをやっているのだ」

と、人に見せたい、知らせたい、というタイプの人が多いとか。

また、外越氏は一九八七年にエアライン・ビジネスのオリエント航空株式会社を設立しているが、そこで培われた人脈からの紹介も少なくなかった。

このマイチャンネル、自己満足チャンネルは、状況の厳しい業界にあって大成功。外越氏の関わる通信衛星放送事業は初期の頃から黒字であった。

●●●●・さらに差別化を考え立体映像放送へ

マイチャンネル構想でやっていくのはいい。ベーシックな考え方として、それはあるとしても、それだけでこれからずっとやっていくのには、不安がある。そこでさらに、外越氏は差別化を考えることとなった。

「通信衛星放送は八四チャンネルから始まって、今は約三〇〇チャンネルあるわけですが、放送をしているのは、大資本が関係しているものもありますが、大多数は弱小の会社。雑多な集まりで、たくさんチャンネルがあっても、番組そのものはおもしろくない。

そこで、いつまでもインフォマーシャル、マイチャンネルではありませんし、他のチャンネルとさらに差別化できる変わったチャンネルをやろうということで思いついたのが、立体映像放送です。完全に差別化できるとすれば、世界でも、もちろん、日本でもそういったものをやっているところはないことに着目。これを放送としてやったら、多くの人たちが興味を持つのではないか、と思いました。

立体映像については、一九九六年にアメリカでコンピューターショーを見学したとき、会場の隅っこにコンバーター、2D／3D変換器の初期のものが陳列されていたのですね。〈普通の映像が立体になります〉というキャッチフレーズで並べられているこの機器を見て、

『これはおもしろい』

と、非常に興味を惹かれました。

このことがずっと頭から離れず、

『いずれチャンスがあれば、立体映像に関する事業をやってみたい』

そう思っていました。アメリカのチェックメートインターナショナルというその会社ともずっと連絡を取っていたのですが、それが、

『放送で立体映像をやればおもしろいのでは』

と、通信衛星放送番組と結びつくことになったわけです」（外越社長）

立体映像の現状は、研究とか医療、あるいはイベントやテーマパークなどで使われているだけ。しかも、その価格はびっくりするほど高い。

しかし、外越氏には、アメリカのコンピューターショーで見た２Ｄ／３Ｄ変換器は、そういった面を解決し、立体映像を大衆化するのではないかという予感、いや、確信に近いものがあった。

早速、アメリカに飛んだ外越氏は、現在は上場しているが、当時は社員数人で、変換器以外に、コンテンツを３Ｄで作って売っていた、チェックメートインターナショナル社と「日本における３Ｄ変換コンバーター及び３Ｄ放送用素材供給に関する独占契約」を締結。立体映像放送へと進出することとなった。そこで立体映像、３Ｄの放送をするために、実験放送の事業会社として、一九九八年十一月に設立されたのがスリーディテレビジョン株式会社である。

●●●●・３Ｄ放送開始時の騒動と事業の本格スタート

新会社、スリーディテレビジョンで３Ｄの番組が作られ、一九九九年三月には、スカイパーフェクＴＶ二一六チャンネルで毎日三十分の３Ｄ実験放送が開始された。３Ｄ放送は日本ではもちろん、世界を探してもやっているところはない。会社としては、いきなり二十四時間の３Ｄ放送をやってみたいという気持ちはあった。しかし、郵政

省（当時）が、

「3Dの放送は時機尚早だ」

などと言って許可をくれなかった。本格放送はダメということなので、実験放送で始めることにしたのだ。

3Dの放送は夜中の十二時過ぎから。通常の放送は十二時に終了するので、それから、いったんブラックアウトして画面を真っ暗にした後、五分たって実験放送を開始した。番組は、十分間くらいの3Dのプロモーションビデオを三回繰り返して放映した。予告なしにやったので、クレームがたくさんきた。

見ている人は、特殊メガネなしで3Dのテレビを見ているわけだから、画面がブレたり、二重になっている。そこでまず最初は、

「テレビが壊れたのではないか」

そう考え、いろいろ調べる。壊れていないことがわかると、

「放送局がおかしいのではないか」

と、パーフェクTVの本部のほうにクレームの電話が殺到。制作している外越氏たちが本部から叱られることになる。

「それで、
『立体映像、3Dの実験放送中です。立体映像で見るにはそのための機器が必要です』
と、テロップを流しました。すると、
『立体映像で見る機器はどこにあるのか』
視聴者からそういった問い合わせが続々と来たわけです」（外越社長）

3Dの放送には、それを見るための機器が必要だ。当時、当社が売っていたこの変換器は三十四万円。これでは普及しないということで、コストカットができるところは極力削って、七万五千円で売り出した。

また、実験放送は、最初は一騒動あったものの好評であり、機器への問い合わせは三〇〇〇件以上、七万五千円の機器も約二〇〇〇台売れた。さらに、この2D／3D変換器について改良に改良を加えていくことになる。

このようにして、スリーディテレビジョンは3D放送と機器の事業を進めていったが、外越社長は、当時をこう振り返る。

「あの頃は、3D技術というのは多くの人たちから、かなり誤解を受けていました。

これに関わっていると、身体を悪くするのではないか、というようなことです。ですから、大手企業はどこも協力してくれませんでした。

そういう状況から、当社は3Dシステムのためのハードづくりなどに着手したのです。まったく何もない砂漠のようなところからのスタート。まず、立体映像、3Dの土壌づくりから始めました。やりたいことをやっているのですから、当時は苦労と思いませんでしたが、やはり、今から振り返ってみると大変なことだったのでしょうね」

【2】3Dの先駆者——スリーディ・コムはこんな会社だ！

二次元映像を立体化する画期的な技術を改良・開発。現在のスリーディ・コムは、低価格で手軽な機器を製造・販売して、3D映像を一気に茶の間に広げようとしている。では、いったい、どんな会社で具体的に何をしているのか。

●●●●・低価格と手軽な機器で3D映像を普及

すでに記述してきたことと重複するが、外越社長は、改めてこう話す。

「当社は二〇〇〇年六月にスリーディテレビジョン株式会社から、現在の社名、スリーディ・コム株式会社に変更していますが、スリーディテレビジョンは一九九八年十一月に3D実験放送事業の実施会社として設立されました。

どうしてこのような会社を始めるようになったかというと、立体映像――3D放送が普及しないのは、もちろん、それを見る機器が普及していないことも理由のひとつですが、さらに今までのやり方では3Dの放送のソフトを作る費用がものすごく高い。これが大きなネックになっているわけで、何とか解決できないかと考えました」

実際に立体映像の製作費は非常に高いようだ。たとえば、東京・新宿の高島屋の中にアイマックスシアターという3D専用の劇場があるが、二〇〇二年春に撤退するという。オープンして数年になるだろうか。オープン当初だけではなく、今も最先端の映像技術をすべて注ぎ込んだ超大型立体映画の上映で、それなりの人気はある。ただ、ソフトが続かなかったようだ。

「アイマックスシアターでは四カ月から六カ月に一本、四十分くらいの番組を放映していますが、これを作るのに約二億円かかります。入場者数や興行成績とも関係してきますが、こんなに製作費がかかっては、現状ではソフトの製作がなかなか続かないわけです。イベントとしてやっているディズニーランドでも、立体映画は製作費がかかるので十五分とか二十分と短い。こんなに短くても製作に一億円以上かかります。つまり、３Ｄというのはそういうお金がかかるものだ、という世間相場ができており、そんなに普及しなくてもしょうがない、という雰囲気が定着しています。当社としては、そういった状況を打破し、低価格でもっともっと気軽に誰でもが楽しめる３Ｄはできないものかと思ったわけです」（外越社長）

●●●●・コンシューマーの気持ちを考えた3D立体映像事業

「あるがままに見たい」という人間の〈夢〉、つまり、立体映像を実現するための技術の開発は古くから行われてきており、立体映像の歴史は遠い昔までさかのぼる。

「しかし——」と、外越社長は語る。

「これまでの立体映像技術の実用的展開は、大きなテーマパークなどのイベント向けや、特殊な技術用途など、一般の人々が自由自在に手にすることを念頭においたものではありませんでした。

当社は開発する３Ｄ立体技術を一般の人たち、家庭、会社など、コンシューマーレベルで利用できるようにし、そのことにより社会の発展に寄与しようと考えて設立されましたが、その目的を達成するには、誰でもが無理なく手に入るように、３Ｄのソフトや機器が低価格でなければなりません」

そこで考えたのが、新たに立体映像を作るのではなく、今ある映像――二次元の映像を使えないかということだった。二次元の映像を三次元に変え、立体映像として見せることができないかというのだ。そういう変換の機器があれば、ソフトは無限になり、費用の問題は容易に解決される。そして実際にこれを実現したのが、スリーディ・コムだ。

当社はそうした変換機器の調査や研究等のなかで、ラッキーとでもいえるだろうか。アメリカで二次元の映像を三次元に変換する機器の特許を持つ零細な会社を見つけ、交渉に成功して独占契約を締結。もちろん、そのままでは使えないので、日本で応用できるように工夫を凝らし、さらにさまざまに独自の研究・開発を行って現在の３Ｄ業界における地位を築きあげている。

ただし、３Ｄ業界といっても、コンピューター関係の専門技術に特化した会社が大半だ。九割は、その種の会社で、当社のような３Ｄ映像の会社は一〇パーセントぐらい。その一〇パーセントのうちの大半は、イベント用や研修用などの３Ｄをやっている会社だ。

「現在、当社のように、コンシューマー――つまり、一般家庭において３Ｄを見せるというように特化した会社は、他にはありません。これがわれわれの特徴です。はっきり言って、当社の３Ｄには高価な最先端の技術は必要ありません。一般の人でも買える価格の３Ｄ機器を広め、お茶の間で誰でもが気軽に立体映像を楽しんでもらいたい、そういった普及を実現していこうとしているのです」と話す外越社長。

さらに大きな強みは、そのような３Ｄ技術等に関して様々な特許を持っていることだ。

第三章「３Ｄ（立体映像）技術・製品開発・販売の進展」で開発の流れを説明しているが、たとえばフルカラーに近くて、さらに立体的に見えるものはどういうものかという研究を重ねて開発したＲＧＢ‐３Ｄは、スリーディ・コムの特許だ。これは独自に開発した特製のカラーグラスを利用して、簡単に見ることができる立体動画の製作技術。コンピュータ上の画像をデジタル編集加工処理することにより、立体動画製作を可能にする。

また、立体映像で赤と青のメガネを使う「アナグリフ」という立体写真の方式は、かなり昔からあったが、色を認識することが難しく、あまり一般化しなかった。

それを当社は赤の波長と青の波長を特定して、きれいな発色でリアルな立体写真を実現。旧来のアナグリフの原理をベースに、写真の加工技術やさらには「視差」を作るための合成技術を、より人間の目で見たものに近づけられるように進歩させた。この新しいアナグリフ方式立体写真により、商品カタログ写真、人物、美術品写真、風景写真等、発色が豊かで、インパクトのある立体写真として表現できるものとなったが、こうしたカラーアナグリフの応用商品についてビジネスモデル特許を取得した。

このような特許により、3Dの現状において優れているうえに価格が安い3D製品の開発・販売が可能となっている。もっとも、これらの特許を、当社で独り占めにする考えはない、とのことだ。

会社が設立されてから、まだ日も浅いが、スリーディィ・コムは思惑通りに急速にその歩みを進めている。

ここで当社の歩みを知るために、その概要を見てみよう。

前進を続けるスリーディ・コムの会社概要

二〇〇二年現在、スリーディ・コム株式会社の概要について、まとめると次のようになる。

設立されたのは、一九九八年十一月。資本金は三億六二五三万円だ。

本社の場所は、東京都新宿区西新宿。東京やその周辺の一帯が眼下に見渡せる新宿センタービルの47階にある。

定款に事業内容として載せているのは、以下の通り。

- 3D映像機器の開発、製造、販売
- 3D映像によるテレビ番組の放送
- デジタル衛星放送事業、TV番組の制作、放送
- インターネット関連事業、立体写真・動画制作、販売
- 上記に関わる事業一切

なお、現在の主要な取引先としては、次のような会社がある。

楽天TV、インベステーション、日本テレビ放送網、日本BS放送、C―3Dデジ

タル（USA）、小田急百貨店外商部、九十九電機、三洋電機、池上通信機、共同PR、NBNコミュニケーションズ、他。
また、会社設立以来、次々と新技術の開発が行われ、新製品が発売されているが、その会社略歴については以下のようになっている。

一九九八年
　十一月　3D実験放送事業の実施会社として、スリーディテレビジョン株式会社設立
一九九九年
　三月　スカイパーフェクTV二一六チャンネルにて、毎日三十分の実験放送開始
　四月　C―3Dデジタル社と日本における3D変換コンバーター、および3D放送用素材供給に関する独占契約を締結
　十月　3D映像を表示でき、かつフリッカーレスにするために、一二〇ヘルツに周波を倍速に変換する機能を持つ「立体デジタルテレビ」の

開発に着手

十二月　同年三月より開発した、スカイパーフェクTVにおける3D実験放送が、毎日六時間の準本格化放送開始

二〇〇〇年

四月　前年十月より開発に着手した、二九インチ立体デジタルテレビ「3D　VISION」、2Dを3D映像に変換するコンバーター「3D　BOX　SUPER」、家庭用ビデオカメラアダプター「Nu—View」を発売

五月　スカイパーフェクトTVにおける3D準本格放送終了

六月　スリーディテレビジョン株式会社をスリーディィ・コム株式会社（スリーディドットコム株式会社）に社名変更

七月　PC上の動画を3Dに変換する一七インチ「3DPCモニター」発売

十二月　二九インチPC／TVモニター「三次元立体映像マルチメディアビジョン」、静止画の3Dを強化した立体パソコン「3DPC　WO

ＲＫＳＴＡＴＩＯＮ」を発売

二〇〇一年

二月　ＲＧＢ‐３Ｄ方式による立体動画、静止画を生成する技術を開発

九月　ＴＶゲーム専用立体映像変換機「３Ｄ　ＴＶ　Ｇａｍｅ　Ａｄａｐｔｅｒ」を発売

十一月　３Ｄ裸眼立体視液晶モニター「３Ｄ　ＴＦＴ―15Ｖ」を発売

●●●●・問題点――立体映像、３Ｄは目が疲れやすいか

スリーディ・コムは、

「立体映像、３Ｄを広く大衆に普及していく」

という目的の前に大きく立ちふさがっていた、３Ｄ機器の超高価格と、３Ｄのソフト、ソースの圧倒的な不足といった問題点、さらに３Ｄを見るには面倒でも特殊なメガネをつけなければならない、という問題点については、すでに解決したか、完全に解決しつつある。

そこで非常に現実的な問題として、クローズアップされてくるのが、３Ｄに関わる

健康の問題だ。当社が３Ｄに本格的に関わり始めた頃、

「３Ｄは体を悪くするのではないか」

と、誤解を受けることが少なくなかったという。３Ｄは体に何か害があるのではないかという不安だが、つい三年ほど前のことだ。

もっとも、当社などの努力により、３Ｄが徐々に社会に浸透しつつある今、体に悪いと思う人はほとんどいないだろう。が、体の一部には違いないのだが、目に悪い、目が疲れると思っている人はかなりいるのではないか。

ともあれ、立体の画像に関して、気になるのが目の疲れだ。なるほど、立体映像を見続けていると「疲れる」。これは昔から常に言われてきたことだ。３Ｄ時代をリードする当社にとって、ゆるがせにできない問題だが、スリーディィ・コムでは、

「二次元よりも三次元のほうが目は疲れない」

と言う。

この目の疲れについて、外越社長はこう話す。

「当社の立体画像機器によるその映像はむしろ、今、お茶の間などで見られている二次元の普通のテレビなどに比べて疲れません。

今のテレビというのは、本来は三次元の世界を二次元の映像に変えて映し出しています。ニュースにしろ、ドラマにしろ、バラエティーにしろ、映すのはすべて立体の三次元の世界ですが、実際にテレビに映し出されてくるのは二次元の世界、二次元の映像。視聴者は三次元のものを二次元で見ています。

だから、長時間テレビを見ると疲れるわけです。これは目が疲れるのではなくて、頭が疲れるのです。三次元のものを二次元で見るのですから、頭の回転をそれに合わせていかなければならず、当然、疲れてきますね。

そこで視聴者に三次元の世界を三次元のままで見せてあげれば、これまでの二次元の映像と比べて疲れません。これこそが3Dなのです」

とはいえ、実際に飛び出す映像の連続ばかりでは疲れてくるのは事実だ。しかし、それも「飛び出し」を疲れない程度に調整することは容易にできるという。

スリーディ・コムでは立体画像を見ることによる疲れや3D鑑賞における留意点などについて研究や調査を重ねてきた。そうした研究や調査等をもとに、二〇〇一年九月、TVゲーム専用立体映像変換器「3D TV Game Adapter」の発売時に「立体画像鑑賞における眼の疲労について」という、視聴者等に向けたパンフレットを出しているので、その内容を紹介しよう。

●●●●・「立体画像鑑賞における目の疲労について」

当社では、一九九八年の創業以来3D機器を開発し、一般家庭に販売しながら業務用として各種アミューズメント施設や、地方自治体の公共施設へ納入する実績を重ね、大勢の人に3D映像をお楽しみいただいております。

現在まで、各種立体映像機器を開発し、市場に販売してまいりましたが、当社の立体画像に関して、ユーザーから身体に悪い影響があったという苦情は現在までのところ届いておりません。

当社が3D映像機器を開発するにあたり、一番の関心を持ってきたことに、人間の眼の疲労問題がありました。いわゆる、眼精疲労の問題です。

この眼精疲労は、一般的には――

①視器要因……近視、遠視、老眼等
②環境要因……光、音刺激等
③心的要因……ストレス、神経症等

の要因が、単独または複数の要因が重なって発生します。

このなかで最も眼精疲労の要因としてあげられるのが、③のストレスが引き金となって、②の環境要因が重なる場合です。普通の生活のなかでも、テレビを見る場合、勉強のために見ているときと、ドラマ等を楽しんでいるときを比較すると、後者のほうが疲れを感じにくく、このことからもストレスを伴う作業がより疲労を感じさせることがあります。

また、テレビ画面のフリッカーというちらつきも、疲れを誘引するものです。当社ではこのフリッカー対策のため、提供するほとんどの3D機器にこの防止策（たとえば、3Dビジョンには一二〇ヘルツの倍速コンバーター装備など）を講じておりますが、今回発売の「3DTVGameAdapter」につきましても、フリッカー防止フィルターを装置しており、ゲームを楽しまれる方が最良な環境で、立体映像の臨場感を味わっていただけるよう注意を払っております。

立体映像が人体に与える影響については、医療機関などで検証されておりますが、3Dであるから特に疲労が増すというような大きな問題は報告されておりません。かえって、最近では、大学病院の手術室などで3Dディスプレイを導入する動きがあります。また、３Ｄ映像を人間が感知し、鑑賞するためには、左右の脳をそれぞれ働かせる必要があることから、ある研究者はこの現象を応用して、痴呆症などの治療法のひとつとして研究が進められております。

当社での製品試験では、３Ｄ立体画像を鑑賞するにあたって人体に与える影響は、日常的に疲労を感じる程度の生理的変化の範囲内であり、大きな問題や特筆事項は見当たらないと判断いたしております。

ただ、やはり初めから長時間の鑑賞は避け、徐々に鑑賞時間を延ばしていただくことが、よりやさしく安全に３Ｄをお楽しみいただけると思います。

●●●・3D製品の販売・購入などに関するQ＆A

スリーディ・コムの３Ｄ製品開発等の経緯などについては第三章で詳しく触れるが、

「それらの製品を見てみたいが、どこに行けば展示されているのか」

「電気や光学製品などの量販店へ行けば売っているか」

「この目で見て、実際にどれくらい立体的に見えるのか」

「遠隔地の地方に住んでいても購入できるのか」など、

コンシューマーとして、いろいろ知りたいことが出てくる。

ここでは、誰もが持ちそうな様々な疑問、質問に対して、現時点における回答、アンサーを行っていこう。現時点と断ったのは、今後の当社の進展につれて、当然、状況が大きく変わっていくことは確かだから。その回答の内容も変わっていく。

質問をクエスチョンのQ、回答をアンサーのAとして、見ていこう。

Q1　スリーディ・コムの3D製品について、雑誌や新聞などで見たり読んだり、また、いろいろ聞いたりするが、その実物や見本を見てみたい。商品はどこに展示しているか。

A　当社のショールームに展示されており、そこで見ることができる。

場所は、東京・新宿西口の高層ビル群の一角。

詳しい住所は、東京都新宿区西新宿一―二五―一　新宿センタービル四七階。

電話は〇三―五三二二―七八八六、ファックスは〇三―五三二二―七八三六。

Q2　3D製品を購入したいが、どこで販売しているか。

A　当社のホームページ（http://www.j - 3d.com/）内のプロダクツページで注文を受け付けている。

また、東京・秋葉原の「ツクモ五号店（電話〇三―三二五一―〇五三一）」（千代田区外神田三―二―一四）の「3Dコーナー」及び「ツクモeX店（電話〇三―五二〇七―五五九九）」（千代田区外神田四―四―一）三階で展示・販売を行っている。

Q3　商品の発送費用は、どれくらいかかるか。

A　商品やエリアによって料金は変わってくるが、「3D VISION」の場合、たとえば北海道が四二〇〇円、青森が三五〇〇円、岩手三一〇〇円、山形二七〇〇円、福島二五〇〇円、栃木二一〇〇円、埼玉一九〇〇円、東京一九〇〇円、長野二四〇〇円、石川三三〇〇円、愛知二七〇〇円、三重二八〇〇円、和歌山三二〇〇円、京都三〇〇〇円、大阪三一〇〇円、岡山三五〇〇円、山口四一〇〇円、鳥取三四〇〇円、香川三五〇〇円、愛媛三八〇〇円、福岡四五〇〇円、大分四五〇〇円、鹿児島五一〇〇円など。

「3D BOX SUPER」「3DPCモニター」「3DPC WORKSTATION」「NU―VIEW」の場合、たとえば北海道が一一〇〇円、秋田が八〇〇円、宮城七〇〇円、茨城七〇〇円、群馬七〇〇円、千葉七〇〇円、東京七〇〇円、神奈川七〇〇円、山梨七〇〇円、新潟七〇〇円、富山七〇〇円、福井七〇〇円、静岡七〇〇円、岐阜七〇〇円、滋賀八〇〇円、奈良八〇〇円、兵庫八〇〇円、広島九〇〇円、島根九〇〇円、徳島一一〇〇円、高知一一〇〇円、佐賀一一〇〇円、長崎一一〇〇円、熊本一一〇〇円、宮崎一一〇〇円、沖縄一二〇〇円などとなっている。

なお、こうした金額については、若干変わることがあるので、詳しいことを知りたいときは、当社にメール（info@j - 3d.com）か電話で問い合わせること。

Q4　店頭でのデモ（デモンストレーション＝宣伝のための実演）は行っているか。

A　現時点では行っていないが、今後、販売店の協力で店頭でのデモを行う予定である。

Q5　3Dソフトの販売はしているか。

A　現在は、3Dソフトの一般販売は行っていない。

Q6　3Dで撮影されたVTRは入手することができるか。

A　当社とは関係ないが、大手ビデオショップなどで少量販売されている。また、当社商品の「NU—VIEW」や「STEREOCAM」で3D撮影が可能である。

Q7　3Dのコンテンツ作成、あるいは3Dへの変換が簡単にできるのか。

A　「3D BOX SUPER」や「3D Adapter」などの当社の変換器を使用すれば、二次元（2D）を三次元（3D）に変換することができる。なお、今後については、当社で3Dコンテンツソフトを提供できれば、と考えている。

Q8　スリーディ・コムの3D製品では、どれくらい立体感を感じることができるか。

A
また、映画等はどれくらい立体的に見えるか。
2D→3D変換での映像は、奥行きを創り出すように調整している。ただし、立体を感じる体感度には個人差があり、すべての人に一概に同じ立体感を伝えることはむずかしい。見る人それぞれの体感度で立体感を楽しんでほしい。また、イベント会場などでの3D映画のような絵の飛出感は、見る人により不快感を与えたり、疲労度を増すことがあるため、「3D BOX SUPER」及び「3D Adapter」では、それはできないようになっている。当社では長時間、3D映像を楽しんでもらえる製品の開発、紹介をしているからだ。

Q9
3D変換器では、どんな映像を3Dに変換できるのか。

A
ブラウン管に映るすべての映像(TV映像、DVD、VHS、ゲームソフト等)を2Dから3Dに変換することができ、奥行きを重視した擬似立体映像を楽しむことができる。

Q10
3D変換器で変換したものを録画することはできるか。また、録画したソフト

A

を他人に貸した場合、その３Ｄは特殊なメガネを使用して立体映像で鑑賞することができるか。

「３ＤＢＯＸＳＵＰＥＲ」及び「３ＤＡｄａｐｔｅｒ」の出力（ＮＴＳＣ）をビデオ等に接続することにより、録画は可能である。

ただし、３Ｄ変換された録画の映像ソフトを見る場合は、映像が３Ｄになっているので、液晶シャッターなどを含む「３ＤＢＯＸＳＵＰＥＲ」及び「３ＤＡｄａｐｔｅｒ」などが必要となる。

また、この場合、メガネなしでは立体に見えないが、当社は二〇〇一年十一月、特殊メガネなしで立体映像を見ることができる３Ｄ裸眼立体視液晶モニター「３ＤＴＦＴ―15Ｖ」を開発・発売している。

スリーディ・コム製品入手等に関する販売規約

前項において、３Ｄ製品の販売・購入等に関するコンシューマー側の種々の質問や疑問、そしてそれに対する回答を行っているが、スリーディ・コムでは、そうした販売等に関してさまざまな状況を設定。販売規約を作成している。

ここで現時点において、当社が守らなければならない、あるいは当社の製品購入者が従わなければならない販売に関するルール、販売規約を要約しよう。購入者としては、製品購入時や購入後においていろいろと参考になるだろう。

◎販売規約に関して

●国内販売

スリーディ・コムでは、日本国内にのみ販売及び配達を行っており、日本国外宛ての配送は行っていない。顧客は、当社で購入した製品を輸出することはできない。一部製品は、製品に添付されている使用許諾契約書記載の諸条件が適用になる。

●販売対象

購入製品を実際に使用する顧客を販売対象としており、代理店等の業者の注文は遠慮を願う。

●支払い方法

支払いの通貨は日本円である。

○クレジットの場合

当社の3D・立体映像システムの普及・発展を目的とした会員のクラブ「3Dクラブ」の3Dクラブカードのみが利用できる。カード利用の代金請求は、注文の品が発送された時点で行われる。

○ローンの場合

オーダーの購入金額の合計が三万円以上（配送料・消費税込）になる場合、支払い方法としてローンを選択できる。

この提携ローン（当社が提供するローンではない）を選択した場合、当社よりローン契約書が送付されるので、必要事項を記入の上、同封の返送封筒にて契約書を返送する。ローン提携会社が契約書を受け取り、審査の後に正式にローン契約が成立し、同時に商品の売買契約も成立する。

なお、注文から二週間以内に契約書が当社に返送されない場合は、商品の注文はキャンセルされたものとみなす。

●契約の成立

注文に基づく顧客との売買契約は、以下のいずれかの時点で正式に成立するものとする。

①クレジットカードによる支払いの場合、クレジットカード会社から当社に承認通知がなされた時点。なお、当社は顧客に対して、この通知があったことを知らせない。

②ローンを選択した場合、提携ローン会社から当社にローン契約成立の通知が行われた時点とする。

③代金引換、振込の場合、当社より確認メールを配信した時点とする。

なお、以下のいずれかの場合、顧客の注文はキャンセルされたものとみなす。

①クレジットが承認されない場合、または提携ローンの申し込みが完了されない場合、もしくは提携ローンが承認されない場合。

②ローン契約書発送後、二週間以内に当社へローン契約書が返送されない場合。

③指定口座への振込が、振込先案内後一週間以内に行われない場合。

また、注文の記載事項に間違いがある場合、キャンセルとする場合がある。

●返品

当社で購入した製品は、注文と違う製品が届いた場合を除いて、返品は購入後一週間以内とする。

●受注確認

売買契約が成立した時点で、当社からｅメールにて注文確認書を送付するので、注文内容について、再度確認すること。

●キャンセルについて

当社の都合により二週間以内に納品ができない場合を除いて、当社が正式に受けた注文の取消しはできない。また、ローンで購入する顧客は、ローン契約書を受領した日を含む十日間以内に、書面による売買契約の解除を行うことができる。

●製品に故障がある場合

注文の製品に故障がある場合、当社は保証書記載の条件に従って、当該製品を修理する。

なお、不良問題の場合は当社で送料を持ち、顧客の都合による場合は送料は顧客負担になる。

●注文と違う製品が届けられた場合

注文と違う製品を受け取った場合は、当社までその旨を電話で連絡をすること。当該製品を返品し、注文の製品と交換するか、または代金の返還を求めるか、いずれかの手続きをとることができる。

●価格

当社は表示されている製品の価格をいつでも予告なしに変更することができるが、通常、価格改定の際においては、製品の申込時点の価格が適用される。

●消費税
製品購入（送料を含む）には別途消費税がかかる。

●配送料
配送料として、配送指定先への必要分を請求する。

●梱包手数料
梱包手数料はなし。

●製品の在庫
製品によっては、販売可能な数量が限定されている場合がある。当社は、販売及び購入可能な製品の限定数量について顧客に知らせるが、この情報は適時、変更される可能性がある。

●製品保証

当社が販売しているハードウェア製品には、保証書が添付されており、一年間の保証期間中に故障した場合、保証書の記載内容に基づき無償修理する。

●所有権及び危険の移転

製品の所有権及び危険負担は、当社の出荷地から出荷した時をもって顧客に移転する。ただし、当社の方針により、輸送中に毀損によって返却されたか、または滅失した製品については、交換対応する。

〔3〕スリーディ・コムが目指す3D世界の前途

これまでの立体映像技術の実用的な展開をみると、そのほとんどは大きなテーマパーク等のイベント向けや特殊な技術用途など、一般の人たちが自在に手にすることを念頭に置いたものではなかった。

スリーディ・コムは、3D立体技術を一般の人たち、家庭、会社など、コンシューマーレベルで手軽に利用ができるものにし、そのことにより、社会の発展に寄与することを目的に設立された会社だ。

「3Dの技術は映像を単に立体化するだけに留まらず、この技術を基に、立体映像ソフトの開発、立体映像医療や教育、さらにインターネットなどの情報関連にも応用範囲が広い。3Dの活動の場は法人・個人に関係なく無限にあります。また、完成されたビジネスモデルのなかに立体映像事業を取り込むことにより、新たなビジネスモデルを再構築することが可能になるなど、3D立体映像事業の前途は洋々。当社は『立体』という世界の新しいプラットホームであり、その可能性をどこまでも広く大きく追求していきたいと考えております」

と話す外越久丈社長。具体的にスリーディ・コムは、何を目指し、どう進んでいくのか。ここでは、当社が構築しようとしている3D世界の将来像などについてみていこう。

一歩も二歩も先を行く、韓国の3D

現在、スリーディ・コムと韓国は非常に関わりが深くなっているが、同国における3Dの普及は、日本よりも一歩も二歩も先を行っている。つまり、韓国の3Dの現況は、日本における何年か後の3D状況を予想させるのだが、当社は設立以来、そんな韓国に「目」をつけていたとも言える。『株主通信』（二〇〇〇年六月一号）には、当社の韓国の3Dに期待をかける次のような「韓国レポート」が掲載されている。

「五月十四日より十七日の四日間にわたり、韓国ソウルのFX投資諮問会社と提携の可能性及び韓国PCコンビニの実態把握調査を実施しました。

　FX社は弊社の三次元立体技術並びにインターネットセットトップボックス（I―BOX）に対し、高い興味を示し、韓国内でケーブルTV放送、衛星放送、インターネット接続が3Dになるような一体型のセットトップボックスの開発、生産、販売について、両社が提携して事業展開していくこと、あるいは、3D映像のコンテンツ制作にも協力し合うことで合意しました。

　また、韓国全土で一万七千軒、ソウルだけでも一万軒あるPCコンビニに関しまして、その実態を調査したところ、内容も規模も想像以上で、この件についても、3D映像を利用したPCコンビニ新規店舗の開発並びにFC展開をFX社と共同で展開していくことでも合意しました」

　韓国と日本やスリーディ・コムとの関係等については、こんな状況になるようだ。

　少し前までは、韓国はインターネットの後進国であったが、劇的に改善され、日本をはるかに追い抜いてしまった。

今や、これらの通信に関しては韓国のほうが完全に優位に立っている。これらの要因としては、次の点が上げられる。

●ゲーム主体のＰＣ房やインターネットカフェがインターネット人気を高めたこと。

●高速利用を重視した韓国政府のＩＴ政策が成功したこと。

●競争事業者が電話でなく、ＡＤＳＬなどの新たなインフラ整備を積極的に展開したこと。

●集合住宅に集中的に提供したこと。

●専用線などの回線コストが低廉だったこと。

●無料電話、インターネット放送などのブロードバンドを生かす新種のサービスが提供されたこと。

このような状況のなかで、インターネット放送など韓国内での競争が激しくなり、韓国の業者間において差別化を図るものとして、立体映像――、３Ｄについて関心が高まった。映画やテレビ番組等を立体映像に変えて配信すれば、ユーザーはそれを選んでくれるだろうというわけだ。

そこで3Dの技術開発を進めようとしたが、旧態依然の3Dの考え方によるものであったら、コストが非常にかかってしまう。そんななかで、当社の3D技術や製品に目をつけた。世界中で立体映像放送をやった会社は当社しかないのだから、韓国の業者が目をつけて接近してくるのも当然だ。しかも、旧来の3Dに比べれば、圧倒的に価格が安い上に優れている。

一方、当社からみると、

「考え方が古くて新技術の3Dを受け入れない」

「昔からの『立体画』『飛び出す写真』といった安っぽいイメージに支配されていて、3Dの当社を相手にしない」

「現実問題として、配信速度が遅いので3Dの動画にうまく対応できない」

といった理由から、なかなか3D事業が進まない日本に比べて韓国ははるかに「イケてる」「ススンでる」。そこで当社は韓国に出向くようになり、同国における3D事業に進出することとなった。両者の利害が一致し、今後、韓国の3Dが飛躍的に進歩していくことは間違いないだろう。

●●●●・子会社「3Dドットコム・コーリア」の設立

二〇〇一年十一月、当社は韓国に3D関係の「3Dドットコム・コーリア」という会社を設立した。そのような一〇〇パーセント出資の子会社を韓国につくった理由について、外越社長はこう説明する。

「通信や映像に関して、悲しいかな、日本より韓国のほうが半年から一年進んでおり、当社が携わっている立体映像については、韓国では半ば常識化しています。

その一つのいい例が、サッカーのワールドカップの事例です。日本と韓国が共催してそれぞれの国の競技場で試合をやるわけですが、その試合を映す映像に関しても、お互いに特色を出した新しい試みをしようということになりました。

それで日本は何をやるかというと、スーパービジョンとかウルトラビジョンという名前で呼んでいる、まるで球場を上から見ているような画像の、横に長いスーパーハイビジョンなのですね。それを拠点拠点に置いて、競技場に入れない人たちに見せようというわけです。ところが、韓国の映像は何をやるかというと、立体映像放送です。立体映像はそれくらい、韓国では当たり前のものになりつつある。3Dが進んでいるのです。

そんななか、二〇〇二年の三月から韓国で衛星放送が始まりますが、当社は世界のなかで唯一、テレビで3D放送をやった企業。3D放送の先駆者であることなどから、韓国の衛星放送の会社から、

『3D放送を一緒にやりませんか』

という話が相次ぎました。それなら、お互いに日本と韓国とを行き来してやっていくのではなく、いっそのこと、韓国に当社の子会社を設立。ダイレクトに管理し、現地の情報を得て、お客さんのニーズに応えていくことになりました。また、PCバンなどへの3D化を一気に普及させるという大きな目的もあります」

さらに、韓国にはスリーディ・コムの製品の機材を造っている会社が多いので、それらの管理がしやすくなるというメリットもあるなど、韓国現地法人の設立はタイミングがよく、その意義は非常に大きいようだ。

韓国の家庭では八割がた、高速線につながっている。立体映像で動画を見ることに韓国の人たちは何の不思議も感じていない。

また、日本ではPCカフェといわれているPCバンや、ビデオのカフェであるビデ

オバンが韓国にある。

ＰＣバンで流行っているのが対戦型ゲーム。日本のように一人でちまちま遊ぶのではなく、そこにやってきた知らない人同士で対戦する。このようなゲームに特に要求されるのは、よりリアルなものであり、それに応えられるのが、３ＤＣＧにさらに当社の２Ｄ／３Ｄ変換をかけたものだ。これにより立体度はぐーんとアップする。価格的にも手頃なので韓国で流通している千五百万台のＰＣバン用のコンピュータのうち、相当の導入が見込めそうとのことだ。

ビデオバンについては、ここへ家族でビデオや映画を見にやってくるという。その数はソウル市だけで一万七千軒。それで単に大画面で見るだけでなく、次の段階として立体映像が期待されるし、店同士の差別化をするものとしても、すでに３Ｄが始まりつつあるとのこと。そういう流れに導入価格の安さなどで拍車をかけているのが当社だ。

当社は、こうした３Ｄの導入を韓国で成功させ、それを見本として、日本でも３Ｄを成功させたいという。当社の戦略のひとつであるが、その成算は高いとみている。

●●●●・「3D技術は独り占めせず、広く開放していく!」

スリーディ・コムがスタートしてから三年が経過し、3Dシステムにおけるハードとソフトの両面において、開発をほぼ完了させているが、今後、この3Dの技術等をどのように活かしていくのか。外越社長は、

「3Dの種々の特許を含めて、当社は開発した3Dの技術を独り占めする気はまったくありません」

と、きっぱりと言い切り、こう続ける。

「3Dを使ったらこんな仕事ができるという、ビジネスを立ち上げていく会社のベースになりたい。当社はそういった新しいビジネスを興す会社構築の基盤となる、インフラストラクチャーの会社。言葉を変えれば、3Dビジネス業界のコンサルタントになろうとしているのです。

現在ある業種や業界において3D技術を使えば、より精密に、そしてリアルになるものはたくさん考えられますし、その応用は無限大といえるでしょう。今ある数多くの商売でも、3Dを利用したらもっともっと良くなる商売がいっぱいあります。ある

いは新たに３Ｄの商売を始めてもいい。当社はそれらの企業とジョイントして、３Ｄのビジネスを効率的に展開していきたい。

当社はこの３Ｄ技術を独占するため、あるいはどこかの企業向けに開発したわけではありません。あくまでもコンシューマー、ユーザーの視点から開発してきました。そのために今後も３Ｄ技術を広く開放していきます」

スリーディィ・コムの姿勢がそうなのだから、後は他の企業や個人等が、いかに３Ｄを活用するかが問題になってくる。

「なんだ、あの昔からあった立体映像か」

などといった３Ｄを軽視するような先入観を持たずに、かつての立体映像よりも、はるかに進歩し便利になった現在の３Ｄをいかに上手に取り込むかを考えたい。

たとえば、

「これを３Ｄにしたら、もっとおもしろいものになるのではないか」

「３Ｄにしたら、新分野として再展開できるのではないか」

といった発想で３Ｄの活用の仕方を様々に展開し、各企業の発展につなげていくことを真剣に考えたいものだ。

●●●●・すでにこんなところにも応用・活用されている3D

3Dの可能性は非常に大きいが、すでに当社によって、「こんなところにも――」というような素晴らしい、あるいはおもしろく楽しい応用・活用が行われている。

「3Dにしたらおもしろいといえるところは、全部3Dになる」と、スリーディ・コムではアピールしているが、現在、メインの3D機器以外にも、ホビー商品を中心にいろいろと3Dの製品化が行われ、あるいはその開発が進められている。こうした分野も、当社が目指す3D世界の一角を占めていると言えるだろう。

「ホビーなどの3D商品の場合は、価格からいっても、3D機器とは違って品質の高さ云々はほとんど問題にされない。おもしろければいい、楽しければいいという商品です。理屈をつけて売る必要はありません。ただ、3Dの場合はその説明が必要となってくることが多いので、コンビニなどのようにどこに置いて売ってもいいというわけにはいかないことがあります。

すでに完成し、現在、発売のタイミングを計っている3Dポラロイドの場合は、それを置いて売る場所によって売上げはまったく異なってきます。たとえば、ラブホテルやカラオケルームに置いたら売れるでしょうね。右目用と左目用の二つのカメラで写して立体写真にするカメラの場合は、そんなことはないでしょうが――」（外越社長）

他に、当社のカラーアナグリフの応用商品については、二〇〇一年初めに立体写真集ＣＤ―ＲＯＭを製品化。このＣＤ―ＲＯＭと同様に商品カタログや会社案内、美術品や風景写真集、観光案内、新商品発表等、またウェブ放送など多くの分野でＣＤ―ＲＯＭ作成が可能だ。現在、製品化されたものや製品化が進行中のもの、検討中のものも少なくない。

大塚製薬のポカリスエットに使用したエキュストリービジョンという商品は製品化されたひとつだ。これは外越社長が、同社の大塚会長に直々に売り込み、商品化が実現したという。また、世界最大のスポーツ週刊誌、「スポーツイラストレイテッド」では、これも外越社長が編集長に売り込んで、一部が３Ｄの特別号を発刊している。

一方、ＲＧＢ―３Ｄ方式による３Ｄは、動作環境を選ぶことなく、カラーグラスさえあれば手軽に見ることができるので、あらゆるビジネスに利用できる。

たとえば、

●現在、急速に推進されている大容量のブロードバンド放送に活用。RGB―3D方式で制作した動画が配信でき、通常の動画との明確な差別化ができる。
●住宅物件情報や新車のプロモーション映像、あるいはCM等、各企業で持っている映像を当社の3D変換システムと併用。RGB―3D動画で制作することによって、ユーザーにより臨場感のある映像が提供できる。
●パソコンの基本性能とDVDの高再生能力を利用して、RGB―3D・ミニシアターシステムへの展開を行う。
●携帯電話で見ることができる各ホームページへ3D動画、静止画配信ビジネスが考えられる。もちろん、ホームページ自体を3Dに作り変えることも可能である。
●博物館、美術館などの展示品から、アイドル、キャラクター、音楽アーティスト、スポーツコンテンツ等まで、RGB―3D方式によるDVDソフトやCD―ROMの制作・販売を行う。
●3D静止画のポスターやパンフ、写真集、雑誌等の印刷物制作・販売を行う――など。

このような3Dの商品化がなかなか進まない日本の現況について、外越社長はこう苦言を呈する。

「３Ｄに関してはビジネスチャンスは非常に多いのですが、それぞれの会社で商品化を目指す場合、これを稟議書としてまとめるのがむずかしい。バーンと３Ｄそのものを見せてしまえばすぐに、

『あぁー、こういうものか』

と理解し、納得しやすいのですが――。

したがって、３Ｄを稟議書で説明するのが困難なために、会社の会議にかける前の段階で没になってしまう。ワンマン経営者なら、直感みたいなもので、

『これは商売になるぞ』

と判断すれば、それでＯＫとなる。しかし、他のケースでは、稟議書の問題と、さらに、昔の立体映像のイメージから、『子供だまし』のもの、という拒否反応で最初から相手にされないこともあります。

トップの人たちは貪欲にビジネスチャンスを探しているので、まだ受け入れられやすいのですが、一番ダメなのが、課長や部長クラス。自分の保身のために無難なことしかしないので、３Ｄの話をしても、

『ああ、おもしろいね』で終わってしまい、自分からは会社のトップへ企画をもっていくことをしない。こんなことでは、会社の発展はありません」

●●●●・3D技術を今後、どのように活かしていくか

「不動産」「ゲーム」「オークション」「劇場」「ディスコ」「通信」「eコマース」「写真」「教育」「エステ」「放送」「音楽」「出版」など、3D技術を活用できる事業分野は非常に幅が広い。そのいくつかを見てみると――。

●放送――衛星放送等の映像放送では、今、二次元で見ている野球とか相撲、サッカーなどのスポーツをはじめ、ドラマやバラエティー番組等の映像を3D放送の専門テレビで立体で見ることができるようになる。いずれは専門テレビだけではなく、普通のテレビでも立体放送が当たり前の時代が来るだろう。これにより、放送の新しい事業分野の展開が行われることになり、また、現在、家庭に三、四台はあるテレビ機器についても3Dの機器が取って代わる。

こうした3Dの分野が次第に拡大していき、ゆくゆくは放送において3Dが席巻す

る時代がくる。これらに伴い、非常に大きな可能性をもった新しい市場が生まれることになる。

●オークション――現在、自動車やオートバイをはじめ、美術品や花、農産物など様々なオークションが行われているが、これに3Dが導入されて、競りにかけられるものが立体で表わされるとすれば、より正確なオークションができることになる。

オークションの会社は増えているが、3Dが導入されれば、実用面でそれぞれの会社の必需品となり、一気に普及するだろう。

●不動産――単に不動産会社や不動産屋の物件を立体で見せるだけではない。3Dを導入することにより不動産ネットワークを構築。全国の街の不動産屋約四十万軒とのネットワークを3Dでやってしまう。

このシステムでは、「売りたい」「貸したい」という物件を、不動産屋が3Dで撮影して、オンラインでネットワークのセンターに送れば、日本中の不動産屋でその物件を立体で見ることができる。鹿児島の不動産屋で東京の物件を見ることも可能。3Dなので物件はよりリアルに実物に近い形で表示される。普通、不動産屋は客に何十件も物件を案内して、ようやく決まることが多いが、これを利用すると、その手間は何分の一かに縮まり、効率がぐーんとアップするのは間違いない。

また、このオンライン化が家庭に入っていけば、不動産屋まで行く必要がなくなり、自宅のパソコンで立体の物件を見て判断することができ、それを扱っている不動産屋とはメールなどのやりとりだけで契約は成立する。これで不動産事業が成り立ち、まさに〝不動産事業革命〟が巻き起こることになる。

●eコマース（電子商取引）――今、何千何万という数の企業等でeコマースが行われているが、それらが示す「絵」はカタログ的で平面。あとは文章で書いてある説明などを読んで、購入者それぞれが商品のイメージを作って、「買う、買わない」を判断している。これも立体画像であれば、より正確な商品情報を提供することができる。購入者側も、商品の厚みはどれくらいあるのかといったことなどを、立体で確かめることができるので、頭で抱いたイメージに惑わされることなく的確な購入がしやすくなる。

今、eコマースに商品を載せるには、デジタルカメラでそれを撮影してサーバーに置いているが、これをデジタルカメラに代えて3Dカメラで撮ると立体画像になる。その3Dカメラも安くなっているので、設備投資はかからず、簡単に3Deコマースを実現できる。

●ゲーム――たとえば、韓国で有名なＰＣバンでは、３Ｄにより対戦ゲームがすべて立体でできる。この市場は膨大であり、ソウル市内だけでもパソコンが百ある店が一万三千ある。スリーディ・コムでは、この店全部に３Ｄ機器を入れようとしており、この市場の開拓はこれからだが、いずれは広がっていくことは確実。

また、ＰＣバンでその楽しみを体験した人たちが家庭でも遊びたくなり、さらにマーケットは大きくなっていく。こうした韓国におけるゲーム状況は、それに続いて近い将来、日本でも同様に起こる可能性は高い。

●劇場――大劇場においても、３Ｄが活躍できる場所は少なくないが、期待できるのがホームシアターだ。これは家庭で一〇〇インチぐらいの画面で映画を楽しむというもの。こういうところに３Ｄ装置を売り込んでいけば、家庭において３Ｄホームシアターが大々的に展開する時代がやってくる。

●エステ――エステティックは、化粧をしたり、マッサージをしたりして外面をきれいにするものと思われているが、本当のエステは精神美容だ。つまり、心のなかからの美しさがなければ、どんなに表面を塗りたくってもきれいにならない。

そこで、気持ちの落ち着くような映像、それも3Dの映像を流しながら、マッサージを行うのがこれからの時代のエステだ。3Dはまさに環境づくりにピッタリ。森のなかの映像とか、湖のほとりの映像は、本当にそのなかにいるような安らいだ気分にさせてくれ、心も体もリフレッシュ。心の底からにじみ出てくる本当の美が生まれる。

●教育——たとえば、工場の作業教育のソフトを3Dで制作する。工場には危険な作業が多く、本当は実習をしなければ覚えられないのだが、3Dでシュミレーションを作れば、実体験をしているのとほぼ同じ体験が可能だ。これにより大きな教育効果をあげることができる。

このように、一般ではなかなかやらせることができなかったり、非常にむずかしい教育環境が、3Dによってバーチャルで楽々とできてしまう。

さらに、ミニシアターを利用すれば、簡単に遠隔授業を行うことができ、今、予備校などでやっているテレビ授業を立体で見せれば、講師をもっと身近に感じ、親しみを覚えさせる。

●出版——雑誌や写真誌等の出版物の立体化を行う。3D出版ということで、出版のニュービジネスが誕生することになる。

「現在、景気が非常に悪く、社会はいきづまっています。企業の倒産が相次ぎ、失業者も増加していますが、３Ｄにしたら別な展開ができたり、新しい道が開けるといった分野が、いやというほどたくさんあります。

切り口を３Ｄに変えてみれば、仕事はいくらでも生まれます。３Ｄの事業というのは、『仕事創造』の事業であると言えるのです。しかも、今あるものを、３Ｄに変えるだけでいい。３Ｄに変えるだけでニュービジネスになってしまいます。

不況が長期化して、仕事がなくて困っている人が非常に多いのですが、３Ｄという観点から見れば、すべての分野がいまだに手付かずの状態。今ある不振のビジネスなども３Ｄに置き換えれば、みんな新しいビジネスとして再生できます。３Ｄは雇用をどんどん創出していきますから、今後、厳しく困難な時代の救世主となるかもしれません」（外越社長）

なお、スリーディ・コムの視野には日本だけでなく、すでに世界が入っている。

【第三章】

3D（立体映像）技術・製品開発・販売の進展

【1】独占契約締結で3Dの研究・開発に着手

一九九九年四月にアメリカのC—3Dデジタル社と日本における3D変換コンバーターの独占契約を結んだ当社は、早速、同年から、「手軽に楽しめる3D」をモットーに3D製品の開発に取り組み始めた。

「『ゆめテク（二十一世紀夢の技術展）』など多くのイベント会場において人気のある、専用メガネ使用の3Dシアターは、番組制作から設備に至るまで高額な費用を必要とします。ましてや一般のユーザーが、家庭で簡単に3Dを楽しむことは、技術的にも設備的にもむずかしい状況にありました。

そこで当社としては、これら3Dの設備から番組制作までを一般ユーザーまでサポートできる商品群を新開発、制作していくこととしました。

また、立体映像は最終的には、メガネなし——裸眼で見ることができることが目的となります。たとえば、テレビの場合、歴史的に見れば白黒テレビ、カラーテレビ、そして立体テレビという経過をたどっていくわけですが、一九九九年当時は、まず、メガネをかけて立体感を楽しむ3D機器が開発・発売されました」（外越社長）

機器の製品名で言えば、「2D／3Dコンバーター」や「3D BOX—1（3Dコンバーター）」、「3D BOY（パソコン用2D／3Dコンバーター）」などだ。

なお、スリーディ・コムが採用している特殊メガネ使用の立体方式は、次の四つだ。

●液晶シャッター方式

画面上では右目用の映像と左目用の映像を交互に映し出し、同時に液晶シャッターグラスも左右交互にシャッターを切り、画面の映像と同期を行う。シャッターグラスを使用した上で左映像は左目で、右映像は右目で認識し、人間が肉眼で見えるような3D環境を人工的に作り出す。

●平行法方式

視差を調節した右目用と左目用の動画または静止画像を左右に並べ、専用のビュワーを使用して立体視する。

●偏光方式

光の進行方向に対して、いつも一定の方向に振動する光（偏光）を用いた立体方式。偏光フィルター式液晶プロジェクターから視差に相当する左右のいずれのある映像を投影し、その映像を偏光メガネを通して見ることによって、右の映像は右目で、左の映像は左目で見えるように調節して、視差を作り出し、立体感を感じさせる。

●RGB―3D方式（アナグリフ方式）

一九二〇年代に確立した方式で、赤の波長と青の波長との収束点が異なる現象を利用したもの。あらかじめ写真などに赤と青の陰影を与えておき、赤と青のフィルターのついたメガネをかけることにより立体視することができる。

裸眼で見ることができる3Dの研究・開発が取り組み始められる一方、2D映像をすべて3D変換することができる変換器と立体映像のための立体デジタルテレビの開発が急速に進んだ。

これらは早くも、翌二〇〇〇年四月に、それぞれ「3D BOX SUPER」（TV映像、DVD、VHS、ゲームなどの2D映像をすべて3D変換することができる2D／3D変換器）、フリッカーレス・デジタルテレビ「3D VISION」（ちらつきを抑え、美しくそして鮮明な映像を見ることができる、二九型の立体デジタルテレビ）として発売された。

●●●●・大画面で立体映像を楽しめる「3D VISION」

「3D BOX SUPER」についてはあとで詳述するが、現在の主力商品のひとつである「3D VISION」は、新設計の平面ブラウン管を装備し、立体映像に適したテレビ画面を実現した。

当製品は、一般放送モードと立体映像（3D）モードがボタンひとつで簡単に切り替わる機能を搭載しており、テレビ内蔵回路は世界初のフルデジタル仕様。業務用から家庭用まで3Dをフルサポートした標準テレビとはいえ、様々な場所でよりリアルで鮮明な画像を大画面で楽しめる。

その大きな特徴は、通常六〇ヘルツを一二〇ヘルツに変換する倍速スキャン機能により、フリッカー（ちらつき）を抑えること。また、メガネ（LCDシャッターグラス）は、ワイヤレスになり、リモコン操作も普通のテレビと同様に簡単にできる。

「3D VISION」の価格は三十八万円。その仕様等については次のようになっている。

●電圧　　国内AC一〇〇ボルト　五〇／六〇ヘルツ

●消費電力　二〇五ワット
●サイズ　七三二ミリ（幅）×四九五ミリ（奥行き）×六〇一ミリ（高さ）
●重量　五〇・五キログラム（本体のみ）
●画像サイズ　二九インチ（四：三）フラット
●受信チャンネル　VHF1～12（出荷時国内NTSC受信チャンネル設定）
●音声出力　一二ワット＋一二ワット
●付属品　電池（CR2032）×二
ワイヤレスLCDシャッターグラス×二
RF交換用コネクター×一
リモコン×一
エミッター×一

●●●●・立体結果が上々で人気の「NU－VIEW」

さらに、同年四月に「NU－VIEW」（家庭用ビデオカメラに取り付けるだけで3D映像を撮影することができるビデオカメラアダプター）、「3Dミニシアター」

（偏光メガネを使用して立体映像を楽しむことができ、アミューズメントパークなどで使用される高価なシステムを導入しなくても、それを実現）、七月には「３ＤＰＣモニター」（２Ｄ／３Ｄ変換器を内蔵した、一七インチＰＣモニター。ゲーム映像など動画を３Ｄに変換）が発売されている。

「『３Ｄミニシアター』は、もちろん、映像作成編集の分野も、３Ｄ専用ビデオカメラなどの設備から、通常、映像を立体映像とするアダプターなどが用意されていますので、事業としてのビジネスモデル全体を提供できます。

また、『３ＤＰＣモニター』については、このモニターを採用することで、家庭での３Ｄ立体映像はもちろんですが、業務用アミューズメントへの応用や新しいシステム構築が可能となります」（外越社長）

撮影してみて、立体結果が上々と人気が高いのが、二〇〇〇年四月発売の「ＮＵ―ＶＩＥＷ」だ。価格は十万円。

家庭用ビデオカメラのレンズの前に、３Ｄビデオカメラアダプターの「ＮＵ―ＶＩＥＷ」を取り付け、それで撮影したビデオを３Ｄアダプター「３Ｄ ＢＯＸ ＳＵＰＥＲ」等を通して見ると、テレビ放送など一般ソースの立体化した映像以上の、最初から立体化した映像が手にできるというものだ。

カメラ用アダプターはコンパクトで、ビデオカメラレンズの前に取り付ける金具（四種類）が用意されており、アダプターは正しくきっちりと取り付ける。セッティングは比較的簡単。ビデオカメラそのものは安直にできるフルオート撮影でOK、オートフォーカスもオートホワイトバランスもそのままでいい。

そのコツを覚えれば、楽々と立体ビデオができ、それは一般テレビ放送を3Dアダプターで見ているのとは違って、かなり思い通りの立体化ができる。

「NU－VIEW」を使って撮影した映像は、当社で販売している「3D VISION」や「3次元立体映像マルチメディアビジョン」、二〇〇一年十一月に発売された裸眼立体液晶モニター「3DTFT－15V」を使用して見ることができるが、あるいは別売りの3D変換器（「3D BOX SUPER」「3DTV Game Adapter〈3D Adapter〉」）と併用することで、撮影した立体像を楽しんでもいい。

なお、「3D VISION」の仕様等については以下の通りである。

●稼動時の許容温度　〇度～四〇度

●保管時の許容温度　零下一〇度～六〇度

●電圧　単四乾電池×一

●サイズ　二〇〇ミリ（幅）×一〇〇ミリ（奥行き）×九八ミリ（高さ）

●重量　三三〇グラム

●附属品　カメラ取付キット（バヨネットリング三七ミリ用×一、四三ミリ用×一、四六ミリ用×一、五二ミリ用×一、ステップリング四九ミリ〈三七ミリバヨネットリング用〉×一）

調整工具一式

単四アルカリ乾電池×一

ビデオケーブル×一

リンクアームアッセンブリー×一

ネジ×二

長ネジ×一

六角レンチ×一

ビニールキャップ×一

アダプター保護カバー×1
レンズカバー

●●●●・次いで3Dビデオカメラアダプター「STEREOCAM」の登場！

立体映像用ビデオカメラアダプター「NU—VIEW」に次いで、二〇〇一年十一月、同種の製品「STEREOCAM」が発売された。

この「STEREOCAM」には、ほぼすべてのビデオカメラのレンズ口径に対応できる四種類の接続リングが附属。ビデオカメラの口径サイズに合ったリングを取り付け、「STEREOCAM」本体と使用者の手持ちのカメラを組み合わせて撮影する。

本体の立体撮影の仕組みについては、まずレンズの横片面にミラーが広がっており、このミラーに映った映像はレンズから直接得る映像とで二画面を構成する。

そこで直接の左右用レンズ面には各々の前面に電子式シャッターがあり、それぞれが交互に映像信号として撮影時に記録され、一方、ミラー面と面接レンズ面とは物理的に視差（画像の位置のズレ）があるために、これが人の目には立体像として構成される。立体として目に映ってくるわけだ。

当社が販売してきた同様の三次元撮影アダプターである「NU―VIEW」に比べると接写能力などが劣るが、価格は「NU―VIEW」の半額の五万円。低価格化により立体映像ファンを増やしていく。

なお、「STEREOCAM」によって撮影された映像は、「NU―VIEW」と同じ要領で見ることができる。

また、その仕様等については、次のようになっている。

●サイズ　二二〇ミリ(幅)×一〇五ミリ(高さ)×一二〇ミリ(奥行き)
●重量　三二〇グラム
●光学部分　LCD、PBC、ARlens、mirror
●ディスプレイ　GreenLED：on／off power信号
RedLED：Low battery信号
●電池　ボタン電池（CR2032）×二、六ボルト
●スイッチ　電源スイッチ：on／off
2D／L／Rスイッチ：2D／3D（L／R）切替スイッチ

●連続使用時間
五〇時間

●対応
NTSC、PAL、SECAM
インターレス対応（プログレッシブ未対応）

●付属品
STEREOCAM本体
コネクトリング
（バヨネットリング×四種類）（ステップリング×一）
シャフト
シャフトノブ
シャフトキャップ
リングアーム
ビデオケーブル
電池（CR2032）×二
ドライバー
レンズクリーナー
キャリーバック

●●●●・パソコンを立体パソコンにする「3DPCモニター」

二〇〇〇年七月に発売された「3DPCモニター」は、一般に市販されているパソコンを、立体パソコンにする機器だ。希望小売価格は八万円。
「3DPCモニター」は、モニター内に3D変換システムを内蔵。PCの下にある変換ボタンを操作することにより、画面に出ている2Dの画像を瞬時に3Dに変換することができる。

このシステムの内蔵で、PCゲームの動画も立体になり、より迫力のあるゲームを楽しむことができるわけだ。

なお、「3DPCモニター」の仕様等については、以下のようになっている。

●CRTブラウン管　一七インチフラット管
　高感度〇・二七ミリドットピッチ
●解像度（最大）　一二八〇×一〇二四　六〇ヘルツ
●表示面積　水平走査周波数↓三〇キロヘルツ～七〇キロヘルツ
　垂直走査周波数↓五〇ヘルツ～一六〇ヘルツ

●入力信号　ビデオ信号↓一〇八メガヘルツ

●入力コネクター　D—sub15pin

●省電力設定　VESA、DPMS、NUTEK、EPA

●パネルコントロール　電源、3Dセレクトボタン、調節ボタン（＋－）

●画像調整機能　明るさ、コントラスト、表示位置、カラー、消磁、歪み、画像位置、画像サイズ、3D変換、上下操作機能、リセット等

●3Dキット　IRワイヤレストランスミッター
3Dワイヤレスグラス

●安全規格　FCCクラスB／DOC、VCCIグラス2、CISPR22、VCCI　C—tick、CCIB、BCIQ、RES43

●適合価格　ISO9241—3／7／8、MPRII、TCO99

[2] マスコミに紹介され始めた当社3D製品

これまでにない画期的な立体映像、3D製品の開発を進める当社であったが、会社の規模が小さく、お金をかけてPRすることはできない。それでも製品のユニークさや評判が高いことなどから、次第にマスコミに取り上げられるようになった。

それらのいくつかを見てみよう。

●●●●・大手経済紙や全国紙で紹介

「テレビ映像を3Dに変換、スリーディが装置

映像関連ベンチャーのスリーディ・コム（東京・新宿、外越久丈社長）は、テレビ放送やビデオ、テレビゲームなどの映像が立体的に飛び出して見える『3D』映像に変換する装置『3Dボックススーパー』を製品化し、販売を始めた。従来は3D方式で録画した映像ソフトが必要だったが、同装置は通常のテレビ放送やテレビゲームなどの映像もそのまま3D化する。専用メガネなどをセットして二万九千八百円で売り出す。

テレビ映像を右目用と左目用の二重の映像に変換、二つの映像を高速で交互に表示する。専用メガネも左右のレンズの液晶が同様に交互に高速で開閉することで残像効果により立体的に見える仕組み。蛍光灯のちらつきの影響を受けるので蛍光灯を消すか、周波数を倍にした専用のテレビ『３Ｄ ｖｉｓｉｏｎ』（二十八万円）で見る必要がある」

（「日本経済新聞」、二〇〇〇年九月二十七日）

「映像、瞬時に立体化――変換器開発、専用眼鏡で家庭でも

立体映像技術の開発と商品化を進めているスリーディ・コムは二十六日、テレビ放送やビデオ、パソコン、テレビゲームの映像を瞬時に三次元映像にする新製品を報道関係者に公開した。

製品は、通常の映像信号を立体映像に変換する機器（二万九千八百円）や、この変換器を内蔵した二九インチのデジタルテレビとパソコン用モニターなど。変換器で二重にだぶらせた映像を専用の眼鏡で見ると、臨場感のある立体的な映像を楽しむことができるという。

一般の家庭用テレビでも、画面にちらつきが出る場合もあるが、手軽に立体画像に

することができる」

（「読売新聞」、二〇〇〇年九月二十八日）

●●●●・夕刊紙や専門誌でも――

「低価格の立体映像技術、都内のベンチャーが開発

ベンチャー企業のスリーディィ・コム（本社・東京）は、このほどパソコンやテレビに表示される映像をデジタル化し、専用の眼鏡を使用すれば立体的に見える技術を開発したと発表した。

似たような技術はすでに実用化されているが、主に業務用で高価なため、あまり普及していない。しかし、同社の技術では普通のテレビにつないで映像を立体化する変換器を二万九千八百円とするなど『お手ごろ価格』を実現した。

新技術では、デジタル化した映像のコマ送りの速さを従来製品の約二倍にするなどして、滑らかな立体映像を楽しめる。立体化機能を組み込んだデジタルテレビ（二十八万円）や、パソコンユーザー向けのブラウン管モニター（八万円）、映像を撮影時に三次元加工できるビデオカメラ用付属機器（十万円）も製品化した。

同社は『ゲーム業界は迫力ある立体映像制作に開発費の約八割を投じているが、新

技術を使えば、その必要もない』（外越久丈社長）などとしている。また、専用眼鏡なしでも立体映像を楽しめる技術も特許申請しており、『一年後にはサンプルを製造する』としている」

（「日刊ゲンダイ」、二〇〇〇年九月三十日）

「3Dシステムを安価に

『3次元立体映像（3D）システムは医療やアミューズメントなどごく一部で利用されているだけ。特別なソフトが必要で価格も数百万円以上になるためだ。そこで独自技術を使い、安価な仕組みを開発した。低価格を武器に、ショールームや教育など3Dの新たな需要を掘り起こしたい』。こう意気込むのは、スリーディィ・コム（東京都新宿区）の外越久丈社長。

同社が七月に発売した3Dシステムは一般のパソコン用モニターに、新開発の3D変換チップを搭載したもので、追加コストは変換チップだけ。一般映像を3D映像に変化させる機能があり、偏光メガネをかければ3Dに見える。3Dソフトを作成するための撮影機材も、一般のビデオカメラに装着して使うので多額なコストはかからない。手軽だが、3D映像としての迫力は十分だ。

『すでに海外から約十万台の引き合いがありフル生産の状態』（外越社長）だそうだ」
（「日経システムプロバイダ」、二〇〇〇年十月十三日号）

●●●●・こんな画期的なニュース記事も――

必ずしも、その通りには進んでいない部分もあるが、スリーディ・コムの研究・開発・生産等の経過や進取気鋭の行き方を表わす次のような記事がある。

「（略）従来の3D技術は、専用グラス（眼鏡）が必要だったが、これを不要にする新方式を開発することで高性能かつ低価格の家庭用3Dオーディオ・ビジュアル機器を普及させる計画である。同社はすでに要グラスながら価格性能比の高い3Dシステムを発売中であり、おう盛な需要に対応するため、台湾メーカーへの生産委託も始めている。

グラスレス3D装置は、病巣の位置を特定しやすいことなどから医療用などに採用が進んでいるが、既存の製品は画面を見る場所が特定されるうえに数人で使用することができない。価格も高価なため、普及しにくい状況にある。

大勢が手軽にグラスレスで3D画像を閲覧できる手法を開発することにした。画像が立体的に見えるのは、左右の目によって見え方が異なる視差によるものだが、この効果を得るために表と中、奥側の三つの画面に少しずつ動きの違う画像を映し、これを同時に見ることで３Ｄ化を実現する光学式の手法を開発中である。二〇〇二年春をめどに、一インチ一万円以下で出荷する予定だ。

同社は、製造部門を持たないファブレス会社であり、すでに要グラスの３Ｄシステムは販売中。蛍光灯の下でもちらつき無しに見ることができるようにフレーム数を一般のテレビの二倍にしたブラウン管と３Ｄ化回路を内蔵した二九型デジタルテレビ（二十八万円）を東芝に生産委託し、月産一万台で量産中だが、おう盛な需要に応えるために台湾や中国や天津のメーカーにも委託を始めた。また一二〇インチの３Ｄミニシアターも五百万円程度で近く発売する。

このほか３Ｄ画像をインターネットで配信する自動車やカラオケなどの電子商取引（ＥＣ）サイトも立ち上げる計画である。３Ｄ技術特許を生かして大手メーカーとの業務提携を拡大し、二〇〇一年春には上場することにしている」

（「化学工業日報」、二〇〇〇年九月二十八日）

［3］ 2D映像をすべて3D変換！「3D BOX SUPER」の登場

マスコミで紹介された製品として、上記では主に立体映像変換器「3D BOX SUPER」やその関連製品が取り上げられているが、スリーディ・コムは、「3D BOX SUPER」の開発により、飛躍の突破口を開いたといえる（なお、この3D変換器は現在、「3D BOX SUPER、3D BOX SUPER—2」として販売されている）。

これまで何度となく立体映像時代が来ると叫ばれてきたが、いずれも尻すぼみ。なかなか立体時代は切り開かれなかった。立体映像には、まずソースそのものが立体で作られていなければならないが、ソース不足は否めず、盛り上がろうとする間もなく、いつの間にか立体時代は消えてしまうのが、常であった。

しかし、「3D BOX SUPER」の登場で状況が変わるのは確実であった。なぜなら、特別の3D用ソースでなくても、今見ているテレビや、今遊んでいるゲームや楽しんでいるDVD画像が、そのまま立体映像になるからだ。すべてのソースが立体映像のソースとして無尽蔵にあるのだ。

この、あらゆるメディアの「モノラル映像」を瞬時に立体化して「3D映像」に変換するアダプター「3D BOX SUPER」は、価格が二万九千八百円と安いこともあって大好評。しかも使い方は簡単だ。たとえばビデオの場合、ビデオの映像出力端子とテレビの映像入力端子の間に「3D BOX SUPER」を接続して、シャッターメガネ（二台付属）で見れば二人で楽しめる。これまで普通に見てきた平面的なのっぺらぼうの画像が、この機器により、すべて奥行き感や遠近感のある3D映像に変わってしまうのだ。

一方、DVDの音声はAC—3フォーマット（五・一方式）による「立体音響」が収録してあり、映画館の拡声システムに相当する前方スピーカー三台、超低音スーパーウーハー一台、さらに後方サウンドスピーカー左右二台の六チャンネル再生が可能だ。NHKや民放のテレビ放送、ケーブルテレビ、BS・CS衛星放送、ビデオ（テープ・レーザーディスク）、テレビゲームなどに活用すると、リアル感、スリル感、ロマンの臨場感がより身近に迫ってくる。その楽しさが倍増するのは間違いない。

3D変換で各種の映像はどのように映るか

平面的な２Ｄの映像を、すべて奥行きがあり、遠近感もある３Ｄ映像に変換する「３Ｄ　ＢＯＸ　ＳＵＰＥＲ」。二〇〇〇年四月に発売されたばかりで、利用した人はまだまだ少ないだろう。

では、実際、この３Ｄアダプターで３Ｄ変換された映像を視聴する人たちは、どのような体験をすることになるのか。

各種の映像別に見ると、たとえば次のようになる。

①テレビ放送＝サッカーや野球の選手たちの動き回る様子が、生き生きと目の前で展開。プロレスやＫ―１、大相撲のような格闘技の場合、迫力ある肉体のぶつかり合いが、大迫力で迫ってくる。

②ＤＶＤソフト（映画の場合）＝アクション映画で車と車の壮絶な追跡のシーン、カーチェイスでは見ている者が、思わず事故に巻き込まれてしまいそうに感じるほど、その臨場感は圧巻だ。

③ＤＶＤソフト（音楽の場合）＝人気ミュージシャンの音楽モノでは、広いステージをミュージシャンが縦横無尽に歌い、踊りまくり、まさにその場にいるような気分になってくるほどだ。

④DVDソフト（風景の場合）＝自然の紹介モノでは、自分自身が旅をして、その場を訪れているような気持ちにさせられる。何か得した感じだ。
⑤DVDゲームソフト＝ゲームでは、モノ映像よりはるかに生々しい迫力を感じる。また、ゲームソフトの映像はメリハリがあるので、クリアーでくっきりした3D効果が出やすい。
⑥ビデオテープ＝映画等のソフトも当然のことながら、大迫力がある。
⑦CS放「スカパー」＝映画やスポーツ、ニュース、エンターテイメント、趣味・教養、教育など四百チャンネルから選ぶことができるが、これらの映像の立体化も興味津々。よりいっそう楽しむことができる。「スカパー」はサッカー二〇〇二年W杯日韓大会の放送権を獲得しているが、それを3Dで見るのが待ち遠しい。
⑧私的に撮影したビデオ＝思い出や記念などで様々に映したビデオも、立体化によって、鮮やかに生き生きと当時の思い出や出来事等が蘇ってくる。
　このように、それぞれが2D映像と比べて、3Dによって楽しみ度はぐーんとアップする。

●●●●・「誰でもが手軽に使える3D製品」を追求！

この3DPCモニター、「3D BOX SUPER」は、「とにかく、誰でも簡単に3Dを楽しめること」を目指して開発された製品。3D変換マシンの仕組みについては、次のようになる。理解するのはなかなかむずかしいが、簡単に触れておこう。

左右の眼が物体を見るときに生じるわずかな角度のズレ（視差角）が、視覚の奥行き感を感じさせ、近くは角度が大きく、遠くは角度は小さい。そこでモノ画像を修正して、右目用と左目用の二つの画像を作り出して交互にテレビに映す。この映像を同期させたシャッターメガネで見ると、左右の眼に各々の映像が入り、脳は三次元立体像として認識することになる。

テレビは一秒間に三十枚（フレーム）の映像が映る。一枚の映像は飛び越し走査で二度書きされ、第一フィールドが右目用画像、第二フィールドが左目用画像。メガネがないと二枚の画像はだぶって見えるが、ここでメガネの液晶シャッターを交互に切り替えれば、左右の眼にそれぞれの画像が入り、立体視ができる。三次元の立体映像として眼に飛び込んでくるわけだ。

当社におけるこの「３Ｄ ＢＯＸ ＳＵＰＥＲ」の開発にあたっては、いろいろ苦労話もある。たとえば、パソコン用製品のスタート地点は、当初、パソコン本体とモニターを接続するアダプター、つまり「外付けパーツ」という形をとっていた。これはコネクトの方法は簡単だが、それでも不具合が起こる可能性はある。パソコンの利用状況は、人さまざま、千差万別だからだ。

これを「もっと簡易化できないか」ということから、「本体に変換システムを内蔵する」という発想を生み、外観は普通のＰＣ用モニターと何ら変わりのない、この機器が誕生することとなった。

他のＰＣ用モニターとの違いはただひとつで、上部にエミッター（信号をＬＣＤシャッターグラスに送る装置）がつけられているだけ。あとは電源ボタンと設定用ボタンだけだ。これなら、パソコンを使える人なら、誰でも迷ったりせずに設定することができる。

「誰でもが手軽に使える３Ｄ製品を」というスリーディ・コムの製品作りの姿勢は、もちろん、「３Ｄ ＢＯＸ ＳＵＰＥＲ」のみならず、以後もずっと受け継がれて新商品や新技術の開発が進められている。

なお、発売当初の「3D BOX SUPER」の仕様等については、次の通りであった。

●電圧　国内AC一〇〇ボルト対応
●寸法　四〇〇ミリ（幅）×七五ミリ（高さ）×二九〇ミリ（奥行き）
●付属品　リモコン×一
　　　　ACアダプター×一
　　　　LCDシャッターグラス（ワイヤード）×二

【4】画期的な新製品を次々と発売！

二〇〇〇年十二月には、「三次元立体映像マルチメディアビジョン」と「3DPC WORKSTATION」が新発売された。

●●●●・通常の映像を3D映像に変換する装置を内蔵

「三次元立体映像マルチメディアビジョン」は、通常の映像を立体的に飛び出して見える「3D」映像に変換する装置を内蔵した二九型ブラウン管モニター。パソコンのモニターだけでなく、テレビとしても使えるのが特徴で、テレビ映像もネットも3Dで楽しめる。価格は十九万八千円と抑えて発売。これはすでに発売済みの3D変換装置を大画面モニターに内蔵し、パソコンとテレビはボタンで簡単に切り替えることが可能だ。

また、DVD（デジタル多用途ディスク）プレーヤーと接続しDVDソフトやテレビ、パソコンなどのゲームの3D映像を専用メガネを使って楽しむことができる。この種の製品としては価格が手ごろなこともあって人気を呼んだ「三次元立体映像マルチメディアビジョン」。本体は一見すると普通の大型TVにしか見えない。

その仕様等については、まず、この機器は二九インチCRTディスプレーと液晶シャッター式3Dグラスと赤外線エミッター、そしてリモコンがセットになったもの。これだけで、一部を除いてどのようなハードやソフトの映像でも自動で3D表示する機能を持つ。本体の前後にはVGA入力、S端子、コンポジット、音声入力端子などが備えられ、一般のビデオデッキなどの映像信号のほか、PCの映像信号もダイレクトで最大一〇二四×七六八ドットまで表示可能な性能を持つ。

こうしたインターフェイスから入力された映像信号をそのまま普通に表示できるのは当然。この製品の最大の特徴は、ボタンひとつで３Ｄ変換機能が働き、入力された通常の２Ｄ映像を自動的に３Ｄ映像にしてしまうことだ。

また、３Ｄ映像は一二〇ヘルツの倍速スキャンで左目用と右目用の画面の切替えを表示。それを同期式液晶シャッターを持つ３Ｄグラスで見るという、ポピュラーな時間分割方式で実現している。

さらに、ＰＣの画面だけでなく、ビデオデッキやＤＶＤプレイヤー、ゲーム機などの映像も自動変換するため、これまで３Ｄ映像では見ることができなかった映像ソースを楽々と３Ｄにして楽しむこともできる。「三次元立体映像マルチメディアビジョン」は、様々な機器をつなげられる高機能センターディスプレイとして、いろいろなことに使える機器だ。

●●●●・静止画の３Ｄを強化した立体パソコン

一方、「３ＤＰＣ ＷＯＲＫＳＴＡＴＩＯＮ」は、静止画を立体的な「３Ｄ」画像に変換する機能を持つパソコン。３Ｄ変換は動画より静止画のほうが技術的にむずかしいといわれているが、スリーディ・コムでは専用のマイコンを開発した。

これにより、動画を3D変換する装置を内蔵したモニターと組み合わせると、動画・静止画ともに見ることができる。

この機器はMPU（超小型演算処理装置）によって三モデルを用意。ハードディスクの容量は二〇〜三〇ギガバイト、メモリー容量は一二八メガバイトだ。写真などの静止画を3Dに変換するには、画像を二重にブレさせて表示する必要があるため、映像信号を処理する専用マイコンを搭載している。価格は十九万八千円で発売された。

[5] さらに大きく飛躍した二〇〇一年

二〇〇一年に入ると、スリーディ・コムは飛躍の度合いを増した。まず、二月に開発されたのが、「RGB—3D方式による立体動画、静止画を生成する技術」だ。

これは、通常の動画映像を立体的に見えるようにする画像加工システム。当社が独自開発した立体映像変換器を応用するもので、視聴者は特殊メガネだけで立体映像を鑑賞することができる。放送や広告、出版など種々の業界からの需要を予定。二〇〇二年度から本格的な事業展開を始める。

当社の従来の変換装置は技術面からブラウン管式のモニターにしか使えなかったが、この「RGB―3D方式」は液晶画面にも対応するなど動作環境を選ばない。従来の技術を応用し、動画をいったん変換装置にかけて二重にブレさせたうえで、コンピューターにより画像の色などを編集加工するのだ。これにより、視聴者は片方の目に赤色、もう一方の目に青色のフィルターが入った特殊メガネをかけるだけで立体感のある映像を鑑賞することができる。

なお、この「RGB―3D方式」は、高速大容量のブロードバンドの普及で需要が拡大しているインターネットなどの動画映像や、新製品プロモーション等の広告媒体、ミニシアターなどへの活用を見込んでいる。

なお、先述のように十一月には、三次元撮影アダプター「NU―VIEW」より価格が安い同種の製品「STEREOCAM」が発売されている。

●●●•「3D BOX SUPER」のTVゲーム変換機能を進化させた新製品

九月に発売されたのが、CGを使用し、立体感を表現しているゲームをさらに迫力ある3Dに表現する、TVゲーム専用立体映像変換器「3DTVGameAdap ｔｅｒ」だ。この機器は、人間が左右の目の視差で立体を認識する仕組みを応用。専用メガネを通じて映像を擬似的に立体化、既存の家庭用ゲーム機全機種に対応する。

このアダプターは、二〇〇〇年四月に発売された、２Ｄ映像を３Ｄに変換する「３ＤＢＯＸ ＳＵＰＥＲ」のＴＶゲームの３Ｄ変換機能を飛躍的に進化させたもの。シャッター方式と呼ばれる立体映像技術を採用し、今までにないリアルな映像を実現できる。「プレイステーション（ＰＳ）」「ＰＳ２」「ＮＩＮＴＥＮＤＯ64」「ドリームキャスト」など既存の全機種に対応している。

方式については、ゲームソフトの映像を左目用と右目用の二画面に変換し、テレビ画面に交互に表示される画像を専用メガネで見る。専用メガネは左目用画像が左目に、右目用が右目に見えるようになっており、六十分の一秒ごとに画像を切り替える液晶シャッターを搭載している。これは人間の立体認識が左右の目の微妙な視覚角度の違いによるものであるのと同じ原理で、画像が立体的に見える。

ゲーム市場は、ハードの高機能化に伴い、ソフトも高度なコンピューターグラフィックス（ＣＧ）技術を駆使した非常にリアルで精細な三次元画像が増えている。そんななかで、スリーディ・コムの装置は画像や機種を問わず、元のソフトが高度な三次元画像の場合は立体視効果が大きくなり、臨場感が増すといわれている。

希望小売価格は本体と専用メガネのセットで三万九千八百円。複数の人数で同時にゲームを楽しむような場合には専用メガネを最大十個まで接続できる。専用メガネ単体の価格は一個三千八百円だ。なお、通常のテレビ映像などにも利用できる。

●●●●・「3DTV GameAdapter」の立体映像の仕組みとは?

ここで改めて、今までにないリアルな映像を実現している、この「3DTV GameAdapter」の立体映像の仕組みについて詳しく見てみよう。

当機器は、立体映像表現に優れているといわれる「液晶シャッター方式」を採用している。このシステムでは、画像と液晶シャッターメガネを同期させ、左右の目の視差を生じさせることで(右目の映像、左目の映像を交互に映し出す)、立体を認識することが可能になる。

通常の場合、人間の目も左右違った映像を見ている。これは脳の視覚野というところで左右を合成して初めて立体的にモノを見ることができるが、この方式では具体的にメガネの左右に取り付けられた液晶シャッターにより、六分の一秒ごとに交互に切り替わり、左映像は左目で、右映像は右目で認識することによって、人工的に人間が普通に目で見るような環境を作り出す。

画像については、あらかじめ二台の左右視差のあるカメラ処理や、３ＤＣＧでＤｉｒｅｃｔＸ（３Ｄアニメーションなどの表現効果を簡単に結合し、利用可能としたプログラムのもと）などの視差の処理を終わらせた画像を入力。同画像に同期させた液晶シャッターメガネを使用することにより、リアルな３Ｄ映像も鑑賞することができるわけだ。

ちなみに、液晶シャッター方式以外の主な立体方式としては、つぎの三方式がある。前にも触れているが、ここでは液晶シャッター方式と比べる形で、参考として簡単に説明しておこう。

①ＲＧＢ―３Ｄ方式（アナグリフ方式）

一九二〇年代に確立した方式。赤の波長と青の波長との収束点が異なる現象を利用している。あらかじめ写真などに赤と青の陰影を与えておき、これを赤と青のフィルターのついたメガネをかけて見ることによって、立体視することができる。

②平行法方式

視差を調節した右目用と左目用の同じ写真や印刷物、映像を左右に並べる。そしてそれを専用のビュアーを使用することによって立体視する。

③偏光方式

光の進行方向に対して、いつも一定の方向に振動する光（偏光）を用いた立体方式である。二つのプロジェクターから出力される両目用の映像を画面に重ねて映し出された映像に向かい、偏光フィルターメガネを使用して立体視する。

「3DTV Game Adapter」を改名、「3D Adapter」に

ゲームアダプターとして発売した「3DTV Game Adapter」は、「3DBOX SUPER」と同様に、TVゲームばかりでなくテレビ映像やDVD、VHSなど一般の映像も変換することができる。別にTVゲーム専用にする必要はないわけだ。このことについては、当社に多くの人たちから、

「名称を変えたほうがいいのではないか」

という指摘があった。

「『3DTV Game Adapter』は、3D画面でTVゲームを遊んでもらう

ための2D／3Dコンバーターとして開発しました。これにより、ソフト開発会社と協力することで、より3Dに適した映像を作れるだろうということで、実際にそのようになっていったのですが、ゲーム以外の利用者が多く、しかも好評なので、商品名をゲームに絞らず一般的な『3D Adapter』と変更することとしました」（外越社長）

そこで発売からまもなくして「3DTV Game Adapter」から「Game」などの文字をはずし、「3D Adapter」と改名した。TVゲーム専用立体映像変換器としてではなく、2D映像すべてを3Dに変換することができる2D／3D変換器として販売するわけだから、その売り方も違ってくる。当社のパンフレット等では、次のように書かれている。

「通常のTV画面やパソコンなどで、この3D立体視を実現するには、あらかじめ二台の左右視差のあるカメラでの処理や3DCGでDirectXなどの処理済み画像を入力信号として、これをリンク動作する液晶シャッター眼鏡をかけて見るという一連の作業になります。

つまり、この機能で実現できる3D立体視は、入力ソース側が3D用の処理を行ってあるものに限定されるのです。

今般当社が開発した『3D Adapter』は2D／3D変換装置で入力のソースを一般的なビデオ信号（3D処理のない一般ビデオ信号）だけで3D変換する仕組みを商品化しました。つまりビデオ信号を視差のある二画面に変換し、これをTV画面上に表示させて、液晶シャッター眼鏡で見る仕組みと組み合わせたものです。これによって視差のある両眼で見た画像で見た画像（3D立体視）に擬似的に変換されます。

本器のデジタル処理は輝度や濃淡レベル表示角度など多くの処理が行われており、擬似立体視とは思えない3D立体視を実現しました。特に最近のTVゲームに多い、3DCGで開発され、設計段階から3D視差成分がポリゴンとして含まれているゲーム等、3D立体視のこの製品を接続して擬似視差を作り出すと、立体視効果は非常に強くなり迫力ある立体視で見ることができるようになります」

なお、「3D Adapter」の仕様等については、次の通りである。
●入出力　VIDEO IN OUT
●ワイヤレス液晶　二七～五〇キロヘルツ（最大一〇人）

●シャッター眼鏡　DEPTHボリューム（立体度調節）
●視差　L／R（左右視覚切替）
●逆視差切替
●2D／3D切替SW　2D3D変換機能
●DC電源　DC一二ボルト一〇八アンペア
●サイズ　四五（高さ）×一二〇（幅）×一八四（奥行き）ミリ
　六一〇グラム
●附属品　電源アダプター
　液晶シャッター眼鏡一本

[6] 利用者はスリーディ・コムの3D製品をこう評価している！

3D時代の先駆者として、次々と3D製品を世の中に送り出しているスリーディ・コム。では、その3D製品の利用者たちは、どのように評価しているのだろうか。利用者と言っても、雑誌などにその評価を発表したAV等の専門家によるものだが、いくつかの製品の例で見てみると――。

●●●●・迫力ある画面に変える「3DTV Game Adapter」

まず、「3DTV Game Adapter」。話題の新製品を徹底チェックということで、週刊誌で当製品を取り上げている専門家は、

「自宅でいつも見ているテレビが小さくて迫力がない。あまりお金をかけずに迫力映像を実現する手はないか」

と前書きして、「3DTV Game Adapter」を紹介。見た目にはたいした製品とは思えない、この機器の接続は簡単。ビデオとテレビを接続したことがある人なら、五分で済んでしまう、と書いている。

そして「3DTV Game Adapter」で人気のホラーゲームのテレビゲームを試してみると――。

「プレイしてみて思わずびっくり。このアダプターを使ってやってみると、このソフトは何度もプレイしたことがあるのだが、まるで初めてプレイするゲームのような感覚で楽しめ、手に汗握る臨場感を味わえる」

と感想。ゲームでこれだけの効果があるなら、映画で試してみたいと、スピード感

あふれるカーチェイスで有名な映画のビデオで試してみると、

「これが大正解。クルマがビュンビュンと目の前に迫ってきて、思わずのけぞってしまうほどの迫力である」

と、驚いている。


利用したテレビは二一型だったのだが、そんな小さな画面でも十分に楽しめることを実感。結論は、

「決して安いとはいえない値段だが、テレビを買い換えることを思えば、はるかに安く上がる」

であった。

●●●・3Dアダプター内蔵の立体テレビの評価は？

「ちらつきを抑え、美しく鮮明な映像を見ることができる」という二九型の立体デジタルテレビ「3D VISION」の場合はどうか。

これは、オーディオとビジュアルを情報発信する専門誌に、その道の専門家が紹介している。スリーディ・コムというベンチャーから、普通の映像信号を三次元にして

しまうという不思議なテレビが出て、おもしろそうなので東京・新宿の本社を訪ねて体験。早速、「３Ｄ　ＶＩＳＩＯＮ」で立体映像を見てみると、筆者の先入観は吹き飛んでしまう。

「この手の三次元映像の場合、奥行や飛び出し感はあるのだが、一つひとつのオブジェクト（被写体）自体は立体感がなく、平面板を奥行き、または手前方向に並べた、書割的な画面になってしまうことが多い」

のだが、「３Ｄ　ＶＩＳＩＯＮ」の場合、

「意外に書割的になるということがない。もちろん、ここのオブジェクトが現実に両目で見る、自然の立体視のようには、ナチュラルな三次元物体として十分に見えるわけではないけれど、かといって、平面の書割風になってしまうわけでもない。人工的な三次元画像としては、なかなか優れていると思った」

と、好意的な感想を述べる。

２Ｄ／３Ｄ機能については、

「二次元画像でも確かに立体になるが、コントラストが大きくついている画像や、輪郭がキリリとシャープな画像のほうが、立体的に見えやすい」

とし、最後は立体映像を見る者なら、誰でもが強く思う、

「次のテレビではメガネなどは追放しようではないか」

という願いで結んでいる。

次に、「TV／PCモニターで、TV映像もネットも3Dで楽しめる」という二九型の「三次元立体映像マルチメディアビジョン」はどうか。同じ専門誌に別の筆者が書いている。

「三次元立体映像マルチメディアテレビの映像は、いったいどんなのだろうか」

と疑問半分・期待半分で本社のショールームを訪れた筆者は、

「3Dって、こんなに進んでいるんだ！」

と驚く。あらゆる二次元映像が3D化されてしまうということで、早速、メガネをかけて見てみると、

「これはおもしろい。映像はグッと奥行が出て、人物が前面に浮かび上がっている」

画質については、

「確かにフィールド画を左右の目にそれぞれ認識させるわけだから、少々映像が粗くなるような気がするかもしれないが」

と前置きして、

「このマルチメディアビジョンでは倍速スキャンを行って、映像の緻密さを確保し、さらには蛍光灯との干渉によるチラツキも軽減している。とにかく、今までフラットだった映像が、ググーッと立体化してしまう。遊び心をくすぐられてしまう」

と評価する。

また、スリーディ・コムの製品、3Dビデオカメラ・アダプターで、家庭用ビデオカメラに取り付けて3D映像を撮影する「NU―VIEW」のテープを、このマルチメディアビジョンで見てみると、『抜群の臨場感』とのことだったという。さらに、「ワンプッシュでPCモニターとテレビモニターの切り替えができる快適さ」「画質のコントロールも細かくできるようになっていて、なかなか使えるテレビ」「3Dグラスも二個附属。オールインワン型で使い勝手は大幅に向上」「3D映像の世界をより身近にするマルチメディアビジョン」――、とベタボメの筆者だが、

「この三次元立体映像マルチメディアビジョンは、3D映像がブレークスルーする起爆剤になるかもしれない」

と、「そうなればいい」という期待を込めた言葉で結んでいる。

立体映像がなかなか普及しないのは、3Dのソフト制作に多額の費用がかかることなどによるソース不足が大きな理由のひとつであった。しかし、これはスリーディ・コムによる、2D映像を3D映像に変換することができる2D／3D変換器の開発によって解決することができた。

●●●●・メガネなしの大衆向け裸眼立体テレビに挑戦！

もうひとつの大きな問題、立体映像が家庭で普及しない理由としてあげられているのが、専用のメガネをかけなければならないなど、ユーザーに面倒を強いる点があることだ。イベント会場等なら、そういうつもりで入場しているのだから、メガネをかけて見ることにそれほど抵抗はないかもしれない。しかし、家庭でテレビを見るごとに専用のメガネをかけなければならないのは、やはり、面倒でうっとおしいものだ。

そこで立体視の究極の目標である、特別なメガネを必要としない、裸眼立体視が待望されることになる。やはり、本命は裸眼による立体視だ。とはいえ、この技術開発は非常にむずかしく、なかなか実現されそうもなかった。

また、実現されるとしても、テレビを楽しむ一般の人たちがとうてい手に入りそうもない超高額なものであっては、それこそ宝の持ち腐れだ。

メガネなしについては、一部でレンチキュラー・レンズを使った受像機の立体視の方式が実用化されているが、これは正面から目の位置を完全に固定して見ないと立体視できず、また、複数の人が同時に視聴することができないなど、いろいろ制約が多い。それに機器も極めて高価だ。したがって、現在は医療用途などにごく少数が使われるにとどまっている。

これに対し、スリーディ・コムが目指したものは、はるかに使いやすく、そして大衆的な価格であった。当社が設立されて二年、二〇〇〇年秋に外越社長は、業界紙の記者に次のように話している。

「すでに裸眼立体視を低コストで実現する特許を申請しました。この新方式では目の位置を固定する必要がありません。寝ながらでも逆立ちしても裸眼で立体視が可能です。今後一年でプロトタイプとなるディスプレイを完成させ、さらに半年から一年かけて商用化する計画です。今は立体視を普及させていく段階。やはり、最終目標は裸眼立体視です」

●●●●・モニターが普及価格で登場！

スリーディ・コムは、二〇〇一年十月十六日、都内で新商品発表会を開催し、メガネなしで３Ｄ画像を見ることができる３Ｄ裸眼立体液晶ディスプレー『３ＤＴＦＴ―15Ｖ』を発表した。ついに、メガネなしで見ることができる「立体テレビ」が誕生したのだ。

夢の「立体テレビ」――、「３Ｄ裸眼立体液晶モニター『３ＤＴＦＴ―15Ｖ』」の誕生までの経過等について、外越社長はこう話す。

「これまでにも三洋電機などをはじめとして、メガネなしで見ることができる裸眼立体視ディスプレーシステムは複数発表されていますが、ユーザーが立体画像を見ることができる画面との位置が限定されていて、事実上一人でしか見ることができなかったり、三百万円～一千万円と高額だったりして、一般の家庭で楽しむことができるものではありませんでした。

それを『３ＤＴＦＴ―15Ｖ』では、特殊なレンズフィルターを液晶表面に取り付けて立体画像を見ることができる範囲を大幅に拡大したほか、価格も一般消費者が購入できる価格に抑えています。

この開発にあたっては、アメリカやヨーロッパ、アジア、オセアニアといった世界各地で３Ｄ立体視を研究している企業や団体と連絡を取り、いろいろ多くの情報を集めました。その結果、各企業・各団体の優れた技術を統合することができれば、低価格で立体視の範囲の広い裸眼立体視ディスプレーの開発は可能ではないかと考え、一年をかけてこの製品を作り上げました。したがって、当製品は、スリーディ・コムがすべての特許を持つ製品ではなく、売上げからは特許のライセンスを受けた企業等に相応分を支払うことになってなっています」

●●●・「３Ｄ裸眼立体視液晶モニター『３ＤＴＦＴ—15Ｖ』」はこんな製品！

待望の、メガネなしの立体テレビ「３Ｄ裸眼立体視液晶モニター『３ＤＴＦＴ—15Ｖ』」は、いったい、どんな製品なのか。詳細な情報を得たいもの。それは、当社が新商品発表会時に出したニュースリリースが詳しい。

◎新開発新商品「3DTFTモニターTV」ニュースリリース

スリーディィ・コム株式会社（東京都新宿区西新宿　代表取締役　外越久丈）は、十月十六日、京王プラザホテルにて、二十一世紀型ともいえる裸眼立体のモニターテレビの新商品発表を行います。

このモニターテレビはパソコン用VGA端子及びビデオ機器接続可能な一五インチテレビで一般モニターとして使え、切替で3D立体映像を裸眼で見ることができます。

裸眼立体は、歴史的に見れば白黒テレビ・カラーテレビ・そして立体テレビという経過をたどると推測できる商品です。

この商品の開発製造については、スリーディィ・コム株式会社が長年3D立体視の商品開発を行ってきており（赤青メガネ、シャッターグラス方式、偏光メガネ方式の各種機種及びコンテンツ類）、この経験から、最終的には裸眼によるTVの開発が必要と判断し、特許の出願及び海外協力各社との連携によって、研究開発を行っておりました。今回発表の3D裸眼立体視液晶モニター「3DTFT―15V」は、その第一弾で、パソコンモニターとしては、XVGA仕様で、WINDOWSの3Dグラフィックスに対応した３Ｄ立体視用ディバイスＷＩＣＫＥＤ３Ｄ／ＷＩＮＸ３Ｄ／ＤＩＲＥＣＴ３Ｄ等に対応して裸眼の立体視を可能としています。

また、ビデオ入力に対応し３Ｄ処理された映像を裸眼立体で見ることができます。先に九月一日に弊社から発売された３ＤＴＶゲームアダプターを取り付けることにより、一般放送やＤＶＤ等のビデオ関連を入力として切替で「擬似立体」も可能となっています。

立体映像については、弊社がすでに発売しているヌービュー（Ｎｕ―Ｖｉｅｗ）ＤＶビデオ立体撮影用レンズアダプターを使用して撮影した映像を立体で見ることができます。

他社が作成している３Ｄ立体映像（シャッターグラス式）のビデオやＤＶＤも立体視できます（一部一般仕様でない３Ｄ立体映像には対応しない）。

つまり、パソコン用コンテンツから映像コンテンツに至るほとんどの画像について、裸眼立体視を実現できる驚異的な性能を持っているのです。

○裸眼立体視の理論

裸眼（メガネなし）で見る立体視は、各国の専門メーカーが今後の有力家電として注目している商品です。しかし、現実には、人の見る角度が限定されたり、機材が高額であるなどの理由で、商品化が難しい物とされてきました。

弊社が商品化した本器は、高精度ＴＦＴ液晶を採用し、液晶一ドットに対しひとつのフィルターを精密に取り付けてあります。つまり、このフィルターはスリット型で厳密には八角度カットで構成しております。

元々人の目は、左右の目の視差で立体を認識しますが、このフィルターによって人は特定の視差で画面を見ることになります。

人が画面を見る角度は一定ではありませんので、この八角フィルターの任意の位置は、人が動いても、その時の位置として認識が可能となります。

視差にあたる部分は二重の画面で構成されており、この二重の画面が視差成分を作っていますから、任意に立体が認識されるのです。

○営業展開について

弊社では、本商品を一般的立体視モニターＴＶとして発売開始いたします。そのために価格をオープンプライスとして（実売三十九万円程度）販売します。

販売の形態は、本商品が非常に多岐にわたって各種業種に使用できるため、業種業態ごとの企画商品として販売することといたしました。

また、新規事業として関わって頂ける企業とは、ビジネスモデルを実現してビジュアル立体視の業務提携を推進したいと考えています。

今回の商品は、一五インチのものですが、今後一八インチやテレビ受信機及び擬似立体用のＴＶゲームアダプター等をトータルに内蔵させた機種（３Ｄ・ＴＶ）一五インチの四台で一台分のシアター用大画面も制作いたします。そのつど発表させて頂きます。サンプル品は、弊社から直接販売、ネット販売、その他直売で出荷可能です。

○全体
弊社では、３Ｄ立体視は一般家庭に普及される今世紀型商品と位置付けております。また、多くの関連団体からも支持を受けており、具体的システムを推進中です。スリーディ・コム株式会社がこれまで作成してきたあらゆるコンテンツは、当然のことながら本商品のコンテンツとしてすべて活用されます。

また、先に説明したように3DTVゲームアダプターとTVチューナをセットした場合、従来のテレビ放送もそのまま3D立体視（擬似立体）が可能となるため、通常の液晶TV兼用の3D立体視テレビが商品化されます。

今回の弊社の展示会は、これらの事柄を前提として発表させて頂くものです。

いよいよ3DTVの時代が始まります。

皆様のご協力を心よりお願い申し上げます。

●●●●・メガネなしの立体映像の秘密は「スリット型特殊フィルター」

メガネなしでどこの位置にいても、立体に見えるための秘密は、スリット型特殊フィルターにある。

ディスプレーを使ってメガネなしの立体視を実現するには、左右で異なる像を表示する必要があるが、通常は左右の像の位置が固定されるため、ユーザーの目の位置も固定する必要がある。だから、この種の立体映像の展示会などでの3D映像では、

「この位置で見ると、立体に見えます」

といったように、映像を見る位置を固定しなければならなかった。立体に見えた映

像も、少しでも位置がずれると、とたんに立体でなくなるわけだ。これではとうてい実用レベルとは言えないだろう。

メガネなしの3Dディスプレーについては、先述したように日本では三洋電機が力を入れてきた。同社でも、そうした問題点を解決するために、センサーで検知したユーザーの位置に合わせて像を表示する技術を用いて立体視が可能な範囲を広げようとしている。が、この方法では装置が非常に複雑になる上に、多人数では立体映像を見ることはできない。

スリーディ・コムの「3D裸眼立体視液晶モニター『3DTFT―15V』」は、液晶表面の特殊加工によって、あらゆる角度から見ても視差を発生させ、立体に見せることに成功した。

当製品は液晶一ピクセルに一個の割合で、スリットを取り付けたフィルターを液晶バックライトのあいだに装備している。このスリットの形は、厳密には八角度にカットされている。つまり、液晶モニターにはディスプレー上の一ドットを覆う形で無数のスリットフィルターが敷き詰められており、このフィルターは八角度スリットが内面に取りつけてある。ここで液晶ディスプレーに写る映像からの光を屈折させる。これによりディスプレーを見る人の目に視差が生じ、立体視が実現されるという仕組みだ。

また、スリット型フィルターの独特の形状によって、視線の位置を変えても立体映像が見えるという大きな特徴も付け加えられる。

そうなのだ、この「スリット型フィルター」によって、左右の目の視差（八角度）がレンズの角度に対応。見る人たちの自由な角度での立体視を実現しているのだ。こうした方法の立体視なら、それぞれが自由な位置で、しかも多くの人たちが、同時に立体視を楽しむことができるというわけだ。

一方、価格の点でもメガネなしのものとしては、信じられないほどの安さになった。現在、医療現場などで実用化されている立体視ディスプレーは、価格が二百万円以上する商品ばかり。個人ユーザーにはとうてい手が届かない。それも、「３ＤＴＦＴ―15Ｖ」は三十九万円程度と一般ユーザーにも手が届く価格となっている。裸眼立体視システムとしては、画期的な安さといえるだろう。

一般のテレビはもちろん、ＰＣゲーム機やＤＶＤソフト、ビデオテープなどの映像を立体視に変え、特殊メガネなしで３Ｄを体験することができる「３ＤＴＦＴ―15

V」。当社では一般消費者だけでなく、医療や教育など多岐にわたって使用が可能であるとしている。

「PDPディスプレーの登場時の価格と比べても非常に安価。裸眼で立体視が可能な液晶ディスプレーが一般的な価格帯で発売されるのは、世界初でしょう。いよいよ立体視テレビの時代が来ました。メガネなしでハイクォリティーな立体視ができれば、二十一世紀のテレビモニターが出来上がると考えていますが、今回の製品はその第一弾です。

一方、販売チャネルとして大手家電量販店と提携するほか、3D映像専門の衛星放送番組を開始するなど、コンテンツの充実を図り、二〇〇二年後半には世界規模で販売を行っていきたいと思っております」(外越社長)

なお、当製品の仕様等については、以下のようになっている。

●液晶　一五型アクティブマトリックス方式TFT液晶
●解像度　最大一〇二四×七六八ピクセル
●色数　一六〇〇万色
●サイズ　三八四ミリ(幅)×三六〇ミリ(高さ)×一七〇ミリ(奥行き)

●推奨PCスペック　Pentium（企）五〇〇メガヘルツ以上
●3Dサポート　Direct3D、Winx3D、Wiked3Dなど
●インターフェース　アナログRGB×一、ビデオ入力（S端子）×二、コンポジット×二、RS―232C×一
●重さ　四・八キロ

●●●・裸眼で3D体験は二十一世紀のトレンディ現象

SF映画やアニメ、小説などの世界のなかでしか語られなかった3D映像を、当たり前に見る時代に、大きく近づけた「3D裸眼立体視液晶モニター『3DTFT―15V』」。まさしく、二〇〇二年のトレンディ商品といえるが、個人生活を刺激する流行情報誌『日経トレンディ』（二〇〇二年一月号）に次のように紹介されている。

「裸眼で3D映像を見ることができるモニタ

子供のころ、赤と青のメガネをかけて見た3D映像を覚えているだろうか？　初めて見たときは、誰しも衝撃を受けたものだ。しかし、ついにメガネをかけることなく、

裸眼でも３Ｄ映像を見ることができるモニタが登場した。

『３Ｄ裸眼立体視液晶モニター』は一五型で実勢価格は三十九万円程度。発売元は一九九八年から３Ｄを使った商品開発に携わるスリーディィ・コムだ。今回の商品に先駆けて九月、ビデオ入力端子に接続するだけで一般テレビ放送やＤＶＤ、ゲーム画面を擬似的に立体化させるＴＶアダプターを発売した。このアダプタとモニタを組み合わせることで、あらかじめ３Ｄで撮影した画像だけでなく、あらゆる画像を裸眼で立体視できるようになる。

仕組みは次の通り。高精細ＴＦＴ液晶の表示部分とバックライトの間に特殊フィルターを挟み込む。画素のドットがスリットごとに人の目で認識できない程度の速さで交互に点滅。二枚の絵の残像を利用して裸眼で映像を立体的に見せる。また、液晶に八角形のレンズを取り付けて画像を立体視できる範囲を拡大。見る人がモニタから移動してもレンズの角度である程度対応するため、広い場所から３Ｄ画像を見ることができる。

単体で年間四万～五万台の販売を見込んでおり、『〇二年一月に壁掛け型大型液晶３Ｄモニタを、春には六八型プラズマテレビを発売する』（スリーディィ・コム）とラインアップ拡充に意欲的だ」

[8] スリーディ・コムのさまざまな活動や実績

立体映像――、3D時代をリードし、画期的な商品の発売や技術開発を進めているスリーディ・コムだが、その他、3Dに関して様々な活動を行っている。時系列でそれらを見ていこう。

●●●・インターネット放送をテストとして開始

今後急速に普及拡大すると思われるインターネット放送で、スリーディ・コムのコンテンツを配信するため、二〇〇〇年九月から、インターネット動画配信のテストとして開始した。政府のIT産業振興策により、ブロードバンドインフラの普及が急速に進むことに合わせ、二〇〇一年春頃から衛星放送によって手近なインターネット放送に本格進出するもので、当面は2Dで放送。手始めに、ペット番組と車の番組をそれぞれ十分番組でスタートした。

なお、インターネット放送の大きな特徴としては、次の点があげられる。

①オンデマンド放送であること。
②一度に多数に配信できると同時に、一対一の個別対応ができること。
③地域、国の区別なく、全世界に配信できること。
④費用が非常に安く、インフラ整備ができること。

「3Dクラブ」を設立、会員を募集！

二〇〇〇年九月、スリーディ・コムでは「3Dクラブ」を設立した。

このクラブは、3D・立体映像システムの普及・発展を目的としたユーザーネットワークを構築して様々なサービスを行っていく会員のためのクラブ。「3Dクラブ」に入会すると、当社の3D映像関連機器や3Dソフトが会員特別価格で購入でき、また、3Dビデオ撮影会他、当社主催のイベントに優先的に招待される。さらにGC加盟店のほか、全国のJCB加盟店でサインひとつでキャッシュレス・ショッピングができるなど、多くのメリットがある。

3D映像技術を基礎から学ぶ研修コースを開設

二〇〇〇年十月、スリーディィ・コムでは3D映像技術を基礎から学べる研修コース、「3Dアカデミー」を開設、受講生を募集した。これは3D映像の認知度を高めるとともに、製品群を販売していくFC店舗経営者育成も視野に入れている。

アカデミーでは、当社が販売する「3D VISION」及び「3D BOX SUPER」「NU-VIEW」を機材として受け取り、自宅でも履修内容が確認できるほか、同社の本社で、一日九十分、計四回の講習を受け、3D映像の基本的なメカニズム、機材の使い方、撮影の仕方などを学ぶ。講習では、当社のスタッフが講師を務める。

また、受講者の優秀作品は当社が二〇〇〇年五月まで3Dの実験放送を行った、スカイパーフェクTVや当社のインターネットテレビで放映されるほか、上級のアドバンコース、エキスパートコースを受講することも可能だ。受講料は五十万円（税別、機材を含む）。

●●●・ベンチャー企業調査の二〇〇〇年度の増益率見込みでトップ！

日本経済新聞社のベンチャー企業（VB）調査で、スリーディィ・コムは二〇〇〇年度の増益見込みでランキング一位になった。増益率三五二一九・一パーセント、経常利益見込み八〇・六億円。映像は二十一世紀の成長分野といわれているが、当社の飛躍のカギは業種にあるわけではなく、的を絞った経営姿勢、有効活用にこだわる特許戦略、営業部隊を持たない機動力が急成長の主な理由であると評された。

●外越社長が日大ベンチャー・ビジネス・フォーラムで講演

二〇〇〇年十二月二十日に開催された「第三回日大ベンチャー・ビジネス・フォーラム」において、スリーディィ・コムの外越社長が講演を行った。

このフォーラムのコーディネーターは日本大学大学院グローバル・ビジネス研究科、ベンチャー・ビジネス・コースの主任教授、柳下和夫氏、主催は日本大学国際産業技術・ビジネス育成センターと日本大学大学院グローバル・ビジネス研究科。日本大学会館二階大講堂を会場として開かれたフォーラムで、外越社長は「三次元立体テレビを開発したスリーディィ・コム株式会社の躍進」というテーマで約二時間、会社設立の動機、経営ビジョン、経営戦略、会社の現状、今後の事業展開などについて、

「国内の大企業系ベンチャーキャピタルは資金面であまり協力的とは言いがたい。現

在、変換技術を文化、教育、医療、福祉などの面で活用できるように研究中だ」

などと話した。

会場には、ベンチャービジネスに関心のある学生やビジネスマンなどが多数訪れ、外越社長の話に熱心に耳を傾けていたが、一方、会場内に設置された当社三次元立体映像機器類と立体映像に高い関心を持ったようであった。

●●●●・過疎地域向けCATVを共同開発

二〇〇一年十月、スリーディ・コムは情報システム・コミュニケーションズ（甲府市）と技術提携。過疎地域自治体向けの地域情報型CATVシステムを開発した。

このCATVは受信用アンテナに通信衛星（CS）アンテナを用いるため、全国で受信が可能であり、また、情報を端末内に自動蓄積することで見たい情報をいつでも自由に取り出すことができる。

これは主に光ファイバーの整備が遅れている過疎市町村向けであり、システムは役場や農協などの地域センターとネット接続したテレビ、衛星受信装置、専用受信端末などで構成。地域独自の情報をNTT回線を通じて地域センターから中央センターに送り、中央センターでは通信衛星を介して一般家庭のアンテナに配信する。

これにより、家庭のテレビで一般放送、地域放送、インターネット情報のいずれも見ることができるようになり、情報はＩＰ／ＴＶサーバを通じて各家庭の受信機内に蓄積。高齢者などもリモコンやタッチパネル操作で欲しい情報をいつでも気軽に取り出せる。

【9】トピックスで見るスリーディ・コムの移り変わり

スリーディ・コムでは、二〇〇〇年六月より、「株主通信３Ｄ」を毎月一回、一日に発行している（二〇〇一年十一月より、「３Ｄ通信」に名称変更）。

この通信には新製品の紹介、各部の活動状況、イベント、いろいろなトピックスなど、当社に関わる多くのニュース、情報等が掲載されているが、株主当てに書かれているものの、少しも堅苦しいものではなく、その内容や書き方はむしろ広報誌か社内報に近い。

ここでは、これまでに取り上げられなかった情報を、「株主通信３Ｄ」「３Ｄ通信」からトピックスやイベント等を中心に紹介しよう。活気にあふれる当社の動向や社内・社外の活動状況等が伝わってくる。

株主通信が発刊された二〇〇〇年六月は、商号が変更された記念すべき月である。株主通信にも、当然、それはトップニュースで掲載されている。

●●●●・「スリーディテレビジョン株式会社」から「スリーディ・コム株式会社」へ商号変更

六月三十日をもって、商号が「スリーディテレビジョン株式会社」から「スリーディ・コム株式会社」に変更されましたのでご報告いたします。

商号変更の主な理由としましては、弊社の業務の方向性が、テレビ放送関連事業だけでなく、PC、インターネット関連事業等へも展開していくことを勘案した場合、より会社の事業内容を明確に表現できるものと思い、変更に至りました。ご理解のほどよろしくお願いします。

（二〇〇〇年七月一日号）

七月一日号には種々のイベント等が紹介されている。

●●●●・第八回産業用バーチャルリアリティー展リポート

六月十四日から十六日の三日間、東京ビックサイトで第八回産業用バーチャルリアリティー展ＩＶＲ二〇〇〇が開催されました。３Ｄをテーマにしたブースもたくさんあり、そのなかで、弊社も「３Ｄ　ＶＩＳＩＯＮ」、「３Ｄ　ＢＯＸ　ＳＵＰＥＲ」、「Ｎｕ－Ｖ·ｉｅｗ」、「３Ｄ　ＢＯＹ」を出展しました。

他社の３Ｄ関連製品は、そのほとんどが業務用製品で、コンシューマー用としての製品は弊社だけでしたので、大勢の方々が、家庭で簡単に立体映像を、それも安価で視聴できることに強い関心を示していました。

同展示会が終了した後も、商品の購入、問い合わせが多く、一般の方々の早い反応に驚いている状況です。様々な分野でデジタル化に移行していくなかで、唯一、コンシューマーのニーズを反映した弊社の３Ｄシステムが、徐々に浸透していくものと思います。今後は、展示会等へ積極的に出展していこうと考えております。日程等がわかり次第お知らせいたします。

●●●・有線ブロードネットワークスとのジョイントビジネス展開

すでに日本全国に通信のインフラを所有しており、ネット上で音楽の配信をしている有線ブロードネットワークス（旧：大阪有線放送）と弊社は、同インフラを利用した動画を配信する事業展開及びカラオケ施設等への「3D　VISION」をはじめとする3D関連製品の導入展開等、可能性のあるあらゆる分野での事業を展開することで基本合意を得ました。

具体的な展開としてはこれからですが、詳細がまとまり次第、随時報告していきます。

●●●・日本中央競馬会（JRA）とのジョイントビジネス展開

博物館をはじめとするJRA関連施設に「3D　VISION」が設置されました。

また、競馬中継を放送しているグリーンチャンネルとタイアップして、競馬ファンを中心に3D関連製品の販売チャンスを拡大するための計画を実施する予定ですので、ご期待ください。

●●●●・HONDA青山ショールームに「3D　VISION」設置

東京・青山一丁目にある本田技研工業本社ビルの一階ショールームに、「3D　VISION」と「3D　BOX　SUPER」のセットが設置されました。F—1レース、あるいはバイクレースなどの映像が立体で見ることができ、まるで会場にいるような迫力、臨場感を体感できると思います。「3D　VISION」は、順次、ホンダの各ディーラーにも設置される予定で展開していきます。

●●●●・宇宙開発事業団ショールームに「3D　VISION」設置

東京・浜松町の世界貿易センタービルにある、宇宙開発事業団のNASDAグッズを販売しているショールームに、「3D　VISION」と「3D　BOX　SUPER」のセットが設置されました。宇宙開発事業団では、弊社の3Dシステム及び関連機器類について、高く評価しており、今後、同事業団の広報宣伝活動に3D関連機器が導入される予定です。

（なお、次いでペイパービュー社、デジタルチェック社、日本全身美容協会、日本オラクル本社、愛知国際病院などに当社の３Ｄ関連機器が設置されている）。

翌八月一日号は、同年七月三十一日に開催された「３Ｄ・Ｃｏｍ新事業発表会」の詳細な特集が組まれている。

●●●●・3D・Com新事業発表会開催、約五〇〇名が来場

去る七月三十一日に、「３Ｄ・Ｃｏｍ新事業発表会」と題しまして、弊社製品を展示し、３Ｄ技術を活用したビジネスモデルを提案した発表会を、東京・新宿の京王プラザホテルで開催いたしました。

当日は、月末のとても忙しい最中に、株主、マスコミ、関係企業の方々が総勢約五〇〇名の来場者があり、大変な賑わいのうちに終了いたしました。

また、新事業発表会の冒頭に、マスコミ向けに発表会見が行われ、代表取締役・外越、取締役・山本、３Ｄ事業開発室長・中田の三名が出席。弊社の３Ｄ技術に関する件、３Ｄを活用したビジネスモデル概要に関して説明しました。

今回展示した商品は、３ＤＰＣモニター、立体デジタルＴＶ「３Ｄ　ＶＩＳＩＯ

N」、３Ｄミニシアターの3点で、これらの商品を活用して展開するビジネスモデルを提案し、３Ｄ普及発展のためのインフラ作りをしていくことを話しました。

新事業発表会場には、それぞれテーマごとに八個のブースを設置し、立体デジタルテレビ、３ＤＰＣモニター、３Ｄミニシアター等を展示してデモンストレーションしながら、ビジネスモデルを提案しました。

各ブースのテーマは、①アミューズメント、②Ｅコマース、③３Ｄショップ展開、④医療、福祉における活用、⑤教育現場等での展開、⑥３ＤＰＣモニターを使用した新しいゲームセンターの展開、⑦３Ｄミニシアター事業、⑧新型ディスプレイを使用した展開となっており、実際に来場者に機材を触っていただいたり、専用メガネをかけて、３Ｄ映像をご覧になっていただきました。

それでは各ブースの様子をご紹介いたします（以下、「アミューズメント・ブース」「３Ｄ・Ｅコマース・ブース」「３Ｄショップ・ブース」「医療、福祉に関するブース」「教育関連ブース」「３ＤＰＣゲームセンターブース」「３Ｄミニシアターブース」「新型ディスプレイ展示ブース」の各ブースの紹介が掲載されている）。

究極の３Ｄといわれる「グラスレス３Ｄディスプレイ装置（メガネなし３Ｄ）」の特許申請が正式に受理されたというれしいニュースがトップに掲載されている「株主通信３Ｄ（十月一号）」には、他に次のようなトピックスが並ぶ。

主要メディアを集めて「３Ｄ体験会」を実施

九月二十六日（火）、九月二十九日（金）の二回に渡り、主要新聞社、ビジネス誌等のマスコミ関係者を弊社ショールームに招いて、「３Ｄ体験会」を実施いたしました。

来社したメディア関係者は３Ｄ映像を目の当たりにして感嘆の声を連発。弊社の３Ｄシステムについてはもちろんのこと、一般ユーザーを意識した低価格設定というのにもなお驚いていていました。

その後の質疑応答でも、様々な質問が飛び交い、なかでも、現在開発中の「グラスレス３Ｄディスプレイ装置」に関する件では、各メディアとも弊社の説明に熱心に耳を傾けておりました。約一時間ほどの体験会もあっという間に終了し、翌日の新聞紙上には、弊社の記事が掲載され、記事を見た一般の方々や各方面からの様々な問い合わせが相次いで押し寄せてきました。

3Dミニシアター、ショールームに設置

二〇〇〇年九月、3Dミニシアターが当社ショールームに設置されました。

これにより、今までテーマパーク等でしか見ることができなかった「大画面3D」が手軽に、しかも通常の価格の十分の一程度でご提供できるようになりました。スクリーンサイズもスペースに合わせて選べますので、教育機関、企業の会議室、イベントホール等、様々な用途で活用できます。

二〇〇〇年十一月一号では、管理部より、株式公開準備進捗状況が、次のように報告されている。

「株式公開に必要な資料作りなどの作業を、現在、管理部が中心となって進めております。有価証券届出書のドラフト作成など基本部分から進めておりますが、今後、詳細な内容について質疑応答を進めていきます。

ベンチャー企業にとって大切なのは、過去の実績より今後の事業計画が審査の中心課

題となっていきますので、一つひとつの項目を幹事証券会社にいかに理解させるかをポイントに、作業を進めております」

以下、トピックスやイベント等を号を追ってみていこう。

●●●●・日本テレビ本社にて「デジタル放送技術展」開催

十月二十四日、二十五日の二日に渡り、東京・日本テレビ本社にて「デジタル放送技術展」が開催され、高機能放送の技術と新しいテレビ放送技術が紹介されました。いくつかの新しい放送技術が紹介されているなかで、弊社の3D技術がたいへん大きな注目を集めました。立体映像の迫力は、娯楽番組、スポーツ番組、ショッピング番組から、医療番組まで幅広い分野でその効果が注目されており、デジタル放送やインターネットでも、よりリアルで質感のある自然な立体映像でのメディア展開が期待されています。

弊社では、放送システムの基本構想を変える事例として、3D・立体映像の双方向サービスを立体デジタルテレビや3Dパソコンを使って表現。衛星や地上波による放送と、通信回線を使ったインターネットを組み合わせて、3D映像による双方向型サービスを行う技術を公開しました。また、最先端の3D映像技術を使って、視聴者に見せる映像を立体化することで、商品などをリアルに見せることができるオンラインショッピングのデモを実施。集まった放送及び映像関係者らに高い評価を受けました。

今後は、日本テレビとも協力関係を築き、二〇〇一年秋にも始まる新しい通信衛星(CS一一〇度)デジタル放送などで立体映像システムの実用化を目指していきます。3D映像によるテレビショッピング等、今までにないインタラクティブな高機能放送の技術を展開していく予定です。

(二〇〇〇年十一月一日号)

●●●●・楽天市場サイトに「立体玉手箱」リニューアルオープン!

オンラインモールでは知名度、購入率ともにトップを誇るショッピングサイト「楽天市場」に、今まで店舗改装中でしたが、弊社オンラインショッピング店舗が十一月より「立体玉手箱」というネーミングでリニューアルオープン。弊社の3D関連機器類や3Dアカデミーに関する件等、あらゆる情報を網羅して展開します。

また、今後は他のショッピングモールサイトにも、弊社ショッピング店舗を立ち上げていく予定ですので、お楽しみに！
（十一月一日号）

●●●●・秋葉原ツクモ五号店に「3Dコーナー」開設

日本最大の電気店街、秋葉原。その激戦区で目的別に店舗展開しているツクモ五号店にて、十一月二十五日より3D機器を展示販売しています。

ツクモ五号店は、映像関係の専門機材、ノンリニア編集機器をはじめ、民生用のビデオカメラ等を販売しているプロショップとして、映像業界でも有名なお店です。お店を訪れる方々は、プロアマ問わず映像に精通しているマニアが中心。今までは、弊社のショールームでしか立体映像を体験できませんでしたが、これからは、映像に興味のあるマニアが集まる秋葉原で体験できます。

店内では、3Dビジョンをはじめ「3D　BOX　SUPER」、「NU―VIEW」を展示し、販売しております。来店するお客様は、初めて3Dを体験する方も多く、なかには弊社HPより情報を得て、わざわざ遠方より来店する方もいるほど。手軽に立体映像を見たり撮影できる3D映像機器に驚きの声をあげております。

今後は、立体映像の認知、理解を向上させるとともに、ツクモ五号店に続く店舗を展開し、販売強化を行っていきます。（二〇〇〇年十二月一日号）

（なお、二〇〇一年二月からは、ツクモeX店〈東京・千代田区外神田〉三階において、三次元立体映像マルチメディアビジョンの展示・販売が開始された。）

●●●●・三次元映像スクール・PCコース開講、PC販売強化に特約店を募集！

映像機器関連の販売強化に続き、PC販売強化推進を目的に、三次元映像スクール・PCコースを開講します。

このスクールは、基本的なことだけでなく、画像編集やビデオ編集、HP制作、eコマースサイトの構築等、通常のスクールとは違い、立体パソコンを使って楽しみながら学習するカルチャースクールです。受講料は機材込み、八回の講習で三十五万円。「3DPC　WORKSTATION」の販売強化のために、弊社ではスクール経営、受講生募集、機器販売の特約店及び代理店を募集いたします。立体パソコンを使った機器販売、スクール事業のニュービジネスを二十一世紀に向けて展開していきましょう。（十二月一日号）

この特約店募集について、二〇〇一年二月一日号で、「出足好調！　３Ｄ機器販売、三次元映像スクール経営の代理店説明会に、多数参加。二月末に六〇社予定」という見出しで、次のようにその途中経過が掲載されている。

「弊社では『三次元立体映像マルチメディアビジョン』『３ＤＰＣ　ＷＯＲＫＳＴＡＴＩＯＮ』の発売に伴い、３Ｄ映像機器の販売強化、立体映像の普及・啓蒙活動を目指した三次元スクール経営を提案し、新しく代理店、特約店を募集しております。

早速、一月より全国各地で説明会を開始しましたが、二月末までに、約六〇社の代理店を獲得できる見込みとなりました。この代理店システムは、単に製品を販売していくだけではなく、３Ｄ機器を使用した最先端の三次元映像スクールを経営していくというもので、機材販売だけでなく、機材の取り扱い方、立体映像の撮り方、制作方法等を教えるカルチャースクールを併せて経営していくものです。

立体映像は、『未来映像』『究極の映像』といわれて、長い間夢の映像とされてきました。しかしながら、近来ようやく、テレビ局等の映像メディアも、当社の立体映像が家庭で楽しめるシステムに注目するようになり、ＢＳデジタル放送や次期ＣＳ一一

○度放送では、本格的に3D放送を計画しております。『デジタル』『ハイビジョン』『高画質』と、映像に関するキーワードがいくつか登場してきましたが、いよいよ二十一世紀は『三次元立体映像』の時代が到来する気配です。

全国各地で実施する代理店募集説明会でも、ニュービジネスを展開しようとする方々からの参加申し込みが多数あり、早い段階で新しい販売ネットワークを構築する予定で、初年度は三〇〇社を目標に募集いたします。代理店の権利をすでにお持ちの株主の皆様におかれましては、ぜひとも、三次元立体映像マルチメディアビジョン、『3DPC WORKSTATION』等、新製品も含めた3D機器の販売協力をお願いします」

●●●・二〇〇一年を迎え、外越社長が年頭の挨拶

二〇〇一年、二十一世紀を迎え、スリーディ・コムはさらに飛躍を目指すことになるが、一月一日号では、決意も新たに、外越久丈社長の次のような年頭の挨拶が掲載されている。

「新年明けましておめでとうございます。

旧年中のご高誼に感謝いたし、あわせて本年も相変わらずのお引き立てのほど、よろしくお願い申し上げます。

昨年は、弊社創業二年目の年ではありましたが、本当の意味での『創業の年』と位置付け、三次元立体映像に関する新製品の開発・販売を本格的に開始するとともに、六月には事業の拡大を目指し、社名を現在の『スリーディ・コム株式会社』に変更いたしました。社員も二十名余となり、万全とはいかないまでも会社としての体制も漸く整いつつあります。

株主通信でも逐次お知らせいたしておりますように、おかげさまで、ビジネスショーやITショーなど各種の近未来機器を集めた催しなどに、多数出品させていただくことができました。と同時に、新聞や雑誌などに取り上げていただくことが多くなり、地方ユーザーの方々からの問い合わせやご購入が増えるなど、日増しに弊社の種々の商品に対する興味や、期待感を感じることができました。まだまだ満足とはいきませんが、多少なりとも知名度アップの図れた一年であったと思います。

本年は記念すべき二十一世紀になって初めての年です。

私どもは、今年を『飛躍の年』と考え、社員一同、各位のご期待に添いますよう、一層精励いたし、『日々新しいものに挑戦』する姿勢を続けてまいる所存でございます。

株主各位には、今後ともご支援、ご高配のほどよろしくお願い申し上げます」

二〇〇一年に入り、スリーディ・コムはさらに販促活動等に力を入れ始めた。「株主通信３Ｄ」の二〇〇一年二月一日号でも、次のような記事が掲載されている。

ネット販売強化！
ホームページ再リニューアル、バナー広告出現

最近、多数の雑誌・新聞に当社製品が掲載され、お蔭様で大反響を呼んでおります。そこで、当社はさらに製品販売強化のために、当社ホームページ上でネット販売を実施。三次元立体映像マルチメディアビジョンと「３ＤＰＣ　ＷＯＲＫＳＴＡＴＩＯＮ」の発売に合わせ、昨年十二月末に、当社ホームページを再びリニューアル致しました。製品情報、インターネット放送を実施しているほか、ホームページ上で商品が購入できるようになっております。

また、多数の方々に当社のホームページにアクセスしていただくために、他社のウェッブ上にバナー広告を掲載しております。バナー広告を載せることによって、多方面から当社へのアクセスが増え、製品販売へと連動しております。今後も3D普及と製品販売に力を入れていきたいと思います。

立体写真集CD—ROM製品化
立体写真を使った応用商品も受注開始

二〇〇一年一月一日号で、アナグリフという方式による立体写真を掲載しましたが、赤青メガネで見る、昔懐かしい思いを抱いた方もおられると思います。ただ、今までと違って、単色（赤と青だけ）でなく、色がしっかりと認識できる立体写真になっていたのを確認していただけたと思います。この方式を利用して、いよいよ、立体写真集CD—ROMを製品化しました。

赤青メガネで見る立体写真は、色を認識することができなかったのですが、今回のCD—ROMでは、パソコンの編集技術等によって色を犠牲にしない、発色豊かな「古くて新しい3D画像」を開発しました。

このＣＤ―ＲＯＭと同様に、商品カタログや会社案内、美術品や風景写真集、観光案内、新商品発表等、あらゆる分野で立体写真のＣＤ―ＲＯＭ作成が可能です。ご希望に応じて一枚から量産まで制作可能です。弊社特製の赤青メガネも併せて出荷いたします。また、ＣＤ―ＲＯＭ以外に従来の印刷物もこの３Ｄ方式での印刷も可能です。

次のような３Ｄ機器販売以外の社会的に広がりをもつ活動等も目立つ。

四月よりＢＳデジタルテレビで放送事業開始

予てより弊社では、３Ｄ機器販売とともに、スカイパーフェクトＴＶやインターネットなどでの放送事業も行っておりますが、この度四月から日本ビーエス放送が運営するＢＳデジタルデータ放送、《Ｃｈ九九九》での放送が決定いたしました。

ＢＳデジタル放送は、二〇〇〇年十二月から始まった放送で、電波を送る側と受け取る側がお互いにやり取りできる、双方向機能を持った「データ放送」という、今までにないスタイルの放送形態です。家にいながらにして、番組放送中にリモコンひとつで様々な情報が手に入ると同時に、番組に参加することが可能になります。

現在のところ、単独加入者数は約四十万世帯ですが、ケーブルテレビ経由での視聴を含めると、おおよそ二二〇万世帯となり、総務省なども後押しするなど、今後さらに拡大が見込まれております。

ＮＨＫはじめ民放各社が、映画やバラエティーなどの番組を放送しておりますが、そのなかで《Ｃｈ九九九》は最もこの「双方向性」に重点を置いた放送サービスを行っているチャンネルです。

（二〇〇一年三月一日号）

●●●●・当社が第七回冬季「スペシャルオリンピックス」世界大会協賛企業に

冬季「スペシャルオリンピックス」世界大会が、二〇〇一年三月四日から十一日までアメリカのアラスカで開催されます。弊社はその趣旨に賛同。その活動の支援協賛企業となりました。

この大会は、生まれつき知的障害を持つ人たちのオリンピックで、今回で冬季は第七回目を迎えます。

身体障害者の「パラリンピック」は、近年、日本でのボランティア活動の活発化とともに知名度を上げてきておりますが、一方でこの「スペシャルオリンピックス」はまだまだ日本では認知度が高くありません。先進諸国ではパラリンピックと同様に、ボランティア団体の支援のもと、活発な活動がなされております。

弊社も微力ながら、日本での活動を支援し、世界大会への選手派遣を応援することにより、「スペシャルオリンピックス」が少しでも多くの方々に認知をいただけ、ボランティアの輪が広がっていくことを願っております。

なお、日本からの出場者は、スキー種目五名、スケート種目三名、フィギュアスケート男女各一名です。

（三月一日号）

スリーディ・コムの３Ｄ機器は、その存在と優れた機能などが知られるにつれて評価は高まっていった。それによって教育や学習関係の機関等からの３Ｄ機器導入が増え、一方、当社が主体となって、３Ｄ機器関連の研修が本格的に行われるようになった。

山梨県八田村に3Dミニシアター納入
引き続き同県春日居町にも
五年間で全国に三二〇箇所の受注(約五十億円)を予定

文部科学省が高齢化社会への具体的な対応策として提唱している、生涯学習センター（五年間で六七〇〇箇所を予定）が全国で計画されており、そのうちのひとつ、八田村生涯学習センター（山梨県中巨摩郡八田村、五月二十六日オープン）に、弊社は3Dミニシアターを納入いたします。

これは、弊社の3Dミニシアターシステムがテーマパーク等のシステムと同等でありながら、大幅に安価であることが理解されたもので、引き続き同県東山梨郡春日居町にも納入が決定しています。（なお、八田村の3Dミニシアターシステム納入の「ふれあい情報館」は、五月二十六日にオープンセレモニーを終えたが、当日、館内では大勢の人たちが、3D・立体映像システムで初めて見る立体映像に、「立体映像が間近で手軽に体感できる時代がきたのか！」と感嘆の声をあげていた。）

弊社では、文部科学省が予定している全国六七〇〇箇所のうち、五年間で約五パーセントの三二〇箇所を受注目標としており、一システムが設計を含めて一〇〇〇万〜

二〇〇〇万円になるため、約五十億円の受注を見込んでおります。

この納入実績が他の施設での導入に結びつくものと期待しており、高齢化社会を迎え、特に痴呆症患者のリハビリテーション効果も確認されていることから、施設や病院への納入も推進してまいります。

また、大型マンションの集会所でのシアター利用、カラオケボックスのシアター展開、商業映画劇場、博物館、美術館、科学館、公民館などでの利用と幅広い需要が見込まれており、3Dミニシアターが弊社の代表的商品の一つに育ってまいりました。

株主の皆様におかれましても、上記以外にも多くの需要がありますので、ぜひご紹介いただきたくお願い申し上げます。


（四月一日号）

教育関係者から弊社3Dシステムが高評価
教育現場にシステム導入へ

新しい学習環境の創造に向け、教育の場でITの利用推進という目的で、三月二日、三日にかけて、東京ドームホテルで財団法人コンピューター教育開発センター（CEC）が主催する「Eスクエア・プロジェクト」の成果発表会が開催されました。

約八〇社近い会社が参加しており、各社がビジネスコースだけでなく、教育の場にもＩＴシステムを導入し、より多くの子供たちや学生が興味を持てる新しい学習方法や、コンピューターやインターネットの推進によって、国内外を問わず、様々な学習交流授業に力を入れているのが見受けられました。

弊社も、この成果発表会に参加し、３Ｄシステム機器を使って、教育の場における立体映像の具体的な活用を提案いたしました。

《立体映像》が、教育の場でどのように生かせるか、という問題について、来場した教育関係の方々に対し、三次元立体映像マルチメディアビジョン、「３ＤＰＣ　ＷＯＲＫＳＴＡＴＩＯＮ」で立体静止画やＲＧＢ―３Ｄ方式による立体動画を実際に見て頂き、通常の映像や写真とどう違うのかを説明しました。

立体映像を実際に見せながら、通常、学校の授業で図形や地形、生物や分子モデル、遺跡や地図等の教材を立体表示することで、物の質感であるとか、表現しにくいものを明確に表わせることから、立体映像からより多くの情報を得られるというメリットがあり、来場者の多くの方が興味を持ってくれました。

また、コンピューターグラフィック等で、膨大なコストや時間をかけずに、簡単に立体映像を見ることができるので、今までとは違う新しい学習方法がとれ、学習への興味が広がることへ、多くの方が非常に大きな関心を持っておられました。

この成果発表会を受けて、弊社では、早速、3D機器導入に関する具体的な打ち合わせに入り、全国で約八万校ある学校に対し、3Dシステム導入のアプローチを開始しました。同システムを導入する先進校は、全体の約五パーセント（四〇〇〇校）と推定し、五年間で納入を完了する計画。初年度は八〇〇校に八万台（一校に一〇〇台平均）で一八四億円の目標を設定しています。

（四月一日号）

●●●・代理店への技術・販売研修会、いよいよ開始 第一回が三月十五、十六日に終了

当社では3D機器販売、三次元映像スクール経営を目的にした代理店を募集し、全国各地での説明会で好評を頂いておりますが、一方、これと並行して契約代理店の社員を対象とした技術・販売研修会も始まりました。

三月十五日（木）と十六日（金）の両日、弊社内で行われた研修会では、初日は技術関連、二日目は販売関連の研修を行いましたが、参加者からは、「よくわかった」

「こんなこともできるのですね」等の声が出るほど、教師陣と参加者が一体となった熱のこもった研修会で終始しました。

この研修会は一カ月に一度の割合で実施の予定です。この機会に同研修会に参加したい株主の方は、ぜひ弊社までご相談ください。

（四月一日号）


二〇〇一年の春から夏、そして秋にかけて、当社では地方公共団体や公的機関、民間の機関等のイベントなどに参加する形で、あるいは当社が主催するイベント等で、積極的に販促活動を推進している。

四国・香川県に3Dテーマホテルを展開
六月十五日にリニューアルオープン

弊社の3Dシステムを応用した事業のひとつとして、香川県宇多津町にある宇多津国際ホテルのリニューアルに関して3Dをテーマに展開することになりました。

これは、3D立体&リラクゼーション・癒しをキーワードに、ユニークなテーマホテルとして差別化し、集客を狙うもの。弊社の提案内容及び考え方について、同ホテル側と基本合意し、六月十五日のリニューアルオープンに向けて、急ピッチに具体的な作業に執りかかっております。

ホテル事業に3Dを合体させて行う事業展開について、弊社が提案した概要は下記の通りです。（内容については、概略、次のようになっている。）

一階＝ブロードバンドカフェ――3D（インターネットカフェ）――従来のインターネットカフェとは異なり、ネットワークゲーム、画像チャット等の高速回線を前提とした、より高度な利用が中心となるが、韓国のPCバンにもない、3D立体画像による3DPCゲームをメインとしたPCブロードバンドインターネットカフェである。

三階＝フィットネスクラブ――

●3Dエアロビクス／クラブディスコ（エクササイズメニューの一プログラムとして3D映像を見ながらの3Dエアロビクス、3Dヨガ等のエクササイズを提案。同スタジオの夜間利用として3D映像を演出に使った3Dクラブディスコを展開）

●マシンジム（3D映像を楽しみながらのマシントレーニング）

●3Dリラクゼーション（偏光式3Dメガネを装着。自然をテーマにしたリラクゼーション3D映像でリラックス）

●3Dシアター（リアル3Dを見る部屋と、映画やスポーツ番組映像が2D／3D変換で鑑賞できる部屋という形に分けて展開）
四階～十階＝客室（一〇〇室）―各客室に三次元立体映像マルチメディアビジョンとPC本体を設置。

（五月一日号）

（なお、宇多津グランドホテル［旧・宇多津国際ホテル］は、十月一日にオープン。「立体映像を存分に楽しむ」というコンセプトを掲げた同ホテルは、新しいホテルライフを提案するものとして業界から注目されている。）

3Dシアターシステムを使ったプレゼンテーション
教育や福祉のためのITコミュニケーション

二〇〇〇年四月、仙台市において全国の医療関係者を集めて開催された日本外科学会におきまして、来場した医療関係者に向けて、弊社の3Dシステムを使ってプレゼンテーションを行いました。出席者の方々から、その映像の臨場感に対して、非常に高い評価を受けました。

一方、五月十二日、十三日にかけて、愛媛県松山市において、教育と福祉のための

ＩＴのあり方をテーマに「四国情報通信フェア二〇〇一」が開催されました。

イベント会場には、幅広い年齢層の来場客五六〇〇人が足を運び、弊社出展ブースにも多数の方々が訪れました。特に子供たちは、リアルタイムで自分の姿が３Ｄになることが珍しいらしく、しばらく足を止めて画面に見入っていました。

教育の場においても、３Ｄ立体映像は子供たちの関心を引くことで、その興味や考え方を広げていく手段として大変有効です。今後もこの興奮と感動を、一人でも多くの人たちに伝えていきたいと思います。

（五月一日号、六月一日号）

四万人が来場、「香川テクノフェア二〇〇一」初参加 二十一世紀にふさわしい映像技術と大好評

五月二十五日から二十七日にかけて、香川県高松市において財団法人香川県産業交流センターと香川マルチメディアビジネスフォーラムの主催により、「第十六回香川テクノフェア二〇〇一」が開催され、三日間で約四万二〇〇〇人が来場し大盛況のうちに終了しました。

今回のフェアは、最も進んだ技術を駆使した機器や製品などを用いて、多くの人々

に先端技術やマルチメディアに親しんでいただくとともに、地域の活性化を図ることを大きなテーマとして開催されましたが、弊社は、提携を進めております香川テレビ放送網株式会社からの依頼により、「最先端マルチメディア体験コーナー」に各種3D機器を出展いたしました。

会場においては、各種3D機器を使って、リアル3D映像や2D／3D変換した映像を家庭用のテレビや大画面で見ていただき、いずれも大変高い評価を得ました。

来場者の年齢層は幅広く、特に若い世代に強い関心を持っていただけたようです。家庭用のゲーム機を接続したマルチメディアビジョンコーナーでは、熱中して離れない子供が多く、

「家庭で気軽に立体映像を楽しむにはどうすればいいか」

「立体映像のテレビ放送はいつからか」

などの質問が多く寄せられ、来場者のほとんどが3D映像に関心を持っていました。

会場内では、各種メディアの取材があり、弊社のコーナーは多くの取材を受け、県民の皆様の新技術に対する関心の深さをうかがうことができました。

一方、今回の展示では、3D立体映像が身近に体験できるものと認識されていない

方が多く見受けられました。立体映像の技術は、通信・情報システムといった方面だけではなく、多方面での活用が期待されますが、この技術が人の心を動かすほどの感動を与えることができ、二十一世紀、３Ｄは身近で必須なものであることを、皆様に広く認知いただけるよう、今後とも力を注いでまいりたいと考えております。

（六月一日号）

●●●●・大好評だった迫力ある立体空間ゲーム

七月四日（水）から六日（金）まで、東京ビックサイトにおいて、リードエグジビジョンジャパン株式会社主催により、「第九回産業バーチャルリアリティー展」が行われました。

この展示会では、バーチャルリアリティーやコンピュータ・グラフィックス・システムを使用した三次元のシステムや機器展示や弊社のような３Ｄ変換器やモニターなどが中心に展示されました。

弊社は今回、「三次元映像のフォーラム」のブースに参加しました。その展示内容は他社と違い、一般の人たち向けの販売価格を表示しましたので大変興味をもっていただけたようです。

また、弊社のシステムで変換されたゲーム映像に対しても、三次元を表現しているCG以上に奥行き感と画面に迫力を感じることができる、と来場者には大好評でした。

（八月一日号）

光高速回線の利用で3Dリアルタイム放送が可能!?

七月十六日（月）～十九日（木）、幕張メッセにおいて、財団法人光産業技術振興協会主催で「International Optoelectronics Exhibition 2001」展が行われ、弊社は、NTTアドバンステクノロジー株式会社のブースにおいて、「3D BOX SUPER」と「NU―VIEW」を展示させていただきました。

NTTアドバンステクノロジーでは、コマ送りになったりせず、大きなサイズのデータをスムーズに、そして高速に送受信することができる、光ファイバー回線を利用したCWDMという送受信システムを展示しておりました。立体映像は、両目用の映像が交互に出力されるため、データの送受信が遅くなったり、コマ送りの状況になってしまっては、立体映像を見ることができません。このような光ファイバー回線システムの特徴を利用して、リアルタイムに3D映像も放映することが可能であることを、この展示会で証明することができました。

これからは、この光高速回線を利用した3D生放送が実現できるかもしれません。

（八月一日号）

海外展示会初参加
韓国ITフェアー

七月二十一日から二十六日まで、韓国・ソウルの「COEX」会場において、「Seoul International Computer Fair」が開催されました。

この展示会には、韓国で人気のあるIT関連機器、インターネット関連商品などを扱った約七〇ブースが設けられ、アメリカと日本からの海外参加もありました。そのなかでも、弊社のみが3Dシステム機器を展示し、ゲーム映像を「3D　BOX　SUPER」によって変換したものを紹介。ゲーム好きの地元の人たちに大変に喜ばれました。

一般の人たちだけではなく、業者にも非常に興味を持っていただき、独占販売希望の話をした業者もおりました。

このようなことから、弊社の３Ｄシステム機器は海外でも興味を持っていただけるものであることを確信。今後の海外での活躍が期待されます。

（八月一日号）

●●●●・３Ｄ革命が九州に上陸！

七月二十六日、福岡・大分・熊本・鹿児島の四局ネットで放送している九州朝日放送の情報娯楽番組「Ｄｏｕｍｏ（ドォーモ）」［月曜～木曜日の深夜、二三時五七～二四時五六分」において、「３Ｄ　ＶＩＳＩＯＮ」、「ＮＵ―ＶＩＥＷ」、「３Ｄ　ＢＯＸ　ＳＵＰＥＲ」の紹介をさせていただきました。

今まで多数の雑誌媒体などによって弊社製品の紹介をさせていただき、関東方面だけでなく、他の地域からの問い合わせ等もありましたが、九州地方からの問い合わせは少なく、まだ、弊社３Ｄシステムの存在を身近に感じていただける状況ではありませんでした。

今回、視聴率の高い九州のＴＶ放送局の番組からの３Ｄ製品の取材・紹介をきっかけに、九州地方にも弊社3Dシステムが普及し、より多くの人たちに、違った空間での映像を楽しんでいただければと思います。（八月一日号）

3Dの祭典、スピカ　サマースペシャルに二万五〇〇〇人が来場！

スピカ　サマースペシャル「夏休みこども放送局」（主催・札幌テレビ放送）は、3D映像体験が楽しめるアトラクションを中心としたイベントであり、学校の夏休み期間中の八月一日（水）～十九日（日）まで、札幌メディアパーク・スピカ（屋外アリーナ）において開催、二万五〇〇〇人もの来場者で賑わいました。

このイベントは、3D映像体験の「おもしろ立体映像コーナー」を中心に、「放送局体験」「クイズラリー」「レゴランド」などのアトラクションと、物販や飲食のコーナーなどにより構成されており、期間中は親子連れの姿が終始見られました。

特に、「3D　VISION」と「3D　BOX　SUPER」を使用した「立体PSで遊ぼう」のコーナーでは、途切れることなくゲームに熱中する子供たちであふれ、子供たちがその画像の立体性、鮮明さに驚いている様子が手に取るように感じられました。

このイベントでは、未来を担う子供たちに3D映像の可能性を教授できたと同時に、流行に敏感な子供たちに受け入れられたことは、今後の立体映像の市場を占う上での好材料といえるでしょう。

（九月一日号）

「第十五回ダイレクト・マーケティング・フェア」に出展、先駆的商品として注目を集める

九月十二日（水）から十四日（金）に、「第十五回ダイレクト・マーケティング・フェア」〈二十一世紀主役の流通チャンネルがここに！〉が、東京・池袋のサンシャインシティにおいて開催されました。

このフェアでは、四八社の出展と約一万一〇〇〇人の来場者があり、弊社は「3D TV Game Adapter」と「3D VISION」を出展。健康食品や器具、家電商品など一般的な通販、訪販商品がひしめくなか、先駆的な製品として注目を集めました。

なお、同フェアでは、当社は通販会社数社との契約を締結しました。（十月一日号）

二〇〇一年十一月一日号より、これまで十七号刊行された「株主通信ＡＤ」は、名称を「３Ｄ通信」と改称し、発刊の号数も新たに一から始まることになった。その「３Ｄ通信」一号のトップを飾った記事は、当社開発の待望の新製品、３Ｄ裸眼立体液晶モニター「３ＤＴＦＴ―15Ｖ」。その見出しは、「映像の激戦区、３Ｄ映像分野で一歩リード。裸眼で楽しめる立体映像モニター十一月一日発売決定！」と、意気高かった。

また、秋から初冬にかけて引き続き、次のように積極的な販促活動等が行われた。

独自でユニークな技術が集結、東京ビッグサイトで開催の「産業交流展二〇〇一」に出展

技術力を誇る中堅・中小ベンチャーが集う「産業交流展二〇〇一」が、十月十日、十一日に東京ビッグサイトにおいて開催されました。

弊社の３Ｄ製品も出展した同展では、情報・環境・高齢・食品など様々な分野から

約七〇〇企業が集結。「技術大国」日本の復活を予感させました。

また、同展を視察した石原慎太郎東京都知事は、

「世界的不況から真っ先に回復するのは、技術力の高い国。東京ほど高度な技術が集結したところは他にない。日本はもっとモノづくりに自信を持つべきだ」

と激励しました。

「産業交流展二〇〇一」は大勢の来場者で賑わい、また、各出展社のブースでは熱のこもった商談が繰り広げられましたが、そのなかでも、特に当社のブースは来場者の目を引きました。

弊社が出展したのは、「3Dシアター」をはじめ、展示会では初の展示となる「3D裸眼立体視液晶モニター『3DTF―15V』」、そして「3DTV Game Adapter」「RGB―3Dシステム」「NU―VIEW」や「3D VISION」など、多岐にわたる3D製品の数々。それらの製品は、ブースを訪れた二〇〇人以上の人たちから、手軽に3Dを体験できることやコンシューマー価格であることなどに対し、高い評価をいただきました。

今後も弊社では、このようなビジネス展示会等へ積極的に参加することで、さまざ

まなビジネス展開を進めていく予定です。

（二〇〇一年十一月一日号）

●●●●・「ドッグ&デイキャンプ・イン・こどもの国」に参加

人と犬とのふれあいイベント「ドッグ&デイキャンプ」に、弊社が協賛企業として参加。このキャンプは、同回で六回目を迎え、約四〇〇人の家族とその犬たちで賑やかに繰り広げられるものです。

弊社では、このイベントを通し、愛犬のかわいらしい姿を立体用に撮影し、そして臨場感ある映像を楽しむことを参加者に提案していきます。

また、今後もこのようなイベントに積極的に参加することで、3D映像の楽しみ方を、さまざまな側面から提案させていただきたいと考えております。（十二月一日号）

●●●●・第十四回「全国マルチメディア祭インやまなし」に出展

十一月八日から十一日まで開催された「全国マルチメディア祭二〇〇一インやまなし」は、開催期間中に約五万人余りの来場者を集めて盛大に行われました。

この「全国マルチメディア祭」は、総務省と開催都道府県との連携により毎年開催され、全国自治体の地域情報化に関するイベントとしては最大規模のものです。
今回は山梨県で行われ、弊社は、甲府地区の販売代理店、株式会社コンピューター・マインドとして出展。展示された裸眼モニターや３Ｄシアターシステムが様々な方面の来場者に注目を浴び、訪れる人波が絶えることはありませんでした。

（十二月一日号）

【第四章】

ひとひねりした発想で勝負する
スリーディ・コムのリーダー

[1] やりたいことをやってきた、これまでの人生

立体映像、3Dの世界をリードするスリーディ・コム。その会社のトップである外越久丈社長は、チャレンジング・スピリッツ（挑戦者魂）が旺盛で、いろいろなことに果敢にぶつかってきた。では、いったい、どのような人物なのか。

●●●・破天荒な学生生活とサラリーマン時代

外越社長は、一九四七年九月九日、長崎県の母親の実家で生まれ、三歳の時に鹿児島県の父親の実家に移った。この鹿児島県というのは、後でふれるが、外越氏と非常に縁が深い。

小学校五年の二学期に母親や兄弟とともに東京に移り、地元の中学、高校へと進んだ。生活費は鹿児島で数々の事業を営んでいた父親からの仕送りでまかなったが、こういうパターンは鹿児島では珍しくないという。

子どもの頃から空が好きで、飛行機の設計をやりたくて、大学は飛行機の学科がある所を志望したが、そういう大学はほとんどなく、また、他の事情もあって断念。成

蹊大学経済学部に入学した。

大学時代に景品関係の会社を設立。授業優先ではなく、仕事が優先の日々を送る。当時、大学卒の初任給は五千円くらいだったが、外越氏の一日の稼ぎは五千円。非常に豪勢な生活を送った。

一九七三年三月に大学を卒業。卒業時には会社の仕事で約五百万円が貯まっており、就職する気はなかったが、周囲から『やいの、やいの』言われて、同年四月に大坂屋証券（現コスモ証券）に入社する。配属されたのは、東京調査室。入社するときに、「東京から転勤することがあったら、会社をやめます」

と意思表示をしたのが効いたのか、自宅から通える東京勤務となった。昼間は調査関係の仕事や勉強をしたが、六時を過ぎれば、部課員全員でマージャン、土曜日は全員で府中競馬場へ出かけた。

調査部に四年いて、東京の営業部に転出。大阪本店でナンバーワンだった営業マンが課長で、この人に憧れの気持ちを抱くとともに多くのことを学んだ。

「飛びぬけた成績を上げる人で、怖かったけれど、おもしろい人でした。焼き鳥屋へ行ったと言うと、みんなの前でビンタを張るのです、安酒を飲むなと言って――。

『銀座の一流のクラブへ行って飲んで来い。とにかく一流の遊びをしろ！』

お金は領収書を持っていくと、全部自腹で払ってくれました。背広も最初、六人いる部下全員の分をあつらえてくれ、それも自腹。会社はそんなことしませんから。

その人に惚れて、歩き方や口のきき方から洋服の着方まで真似をしたものです。この人のおかげで私も営業マンらしいことができるようになり、成績も上がっていきました。七期連続社長賞を取っています」

「今日は七億円損した、今日は七億円得した」

と言いながら毎晩、銀座、赤坂と飲み歩き、そういった店で知らないところがないくらい飲んでいたという外越社長。どんなに飲んでも必ず家へ帰り、翌日は朝早く出社した。今でもその癖が残っていて、前の晩に三時に帰宅しても、朝五時にはピッシャと起きるという。新聞を七紙とっていて、一時間かけて目を通すのが日課だ。

●●●●・独立後のモットーは「他と同じことはやらない！」

大阪屋証券に勤めていた当時、若かったとはいえ、非常にハードな日々が続いた。

それを見かねたのが、個人財産を運用した関係で知り合ったトヨタ自動車の豊田英二氏だった。

「外越君、もう株屋はやめなさい。トヨタの仕事をやるのなら、面倒をみるよ」

と言われた外越社長は、軽く考えて、

「ええ、そうします」

と返答。あっさりと大阪屋証券をやめて、旧トヨタ自動車販売の宣伝やマーケティングを担当するマルケン企画（株）の設立に参画した。ここでは、フジカラー（富士写真フィルム）の飛行船を使ったCMづくりも手がけている。

「フジカラーとの関係では、その子会社のフジカラーサービスの宣伝の小物類、景品を扱いました。その景品探しで知り合いになったのが、ディスプレーなどを作っている会社の社長で、味の素の振り出し口の穴を大きくして大儲けした発明家です。この人はこういった関係の私の師匠であり、

『同じような商品を売り込む場合、こちらのほうが安いからどうぞといった商売をするんじゃない。同じものなら、ひとひねりして他と違うものに変えて売りなさい』

と、さんざんハッパをかけられました。

『同じものでも、ひとひねりして他と違うものにしろ！』

というのが、この師匠の口癖。発明とフィーで抑えるのが本当の商売であり、ただ安い安いだけでは、販売促進業者間の値引き競争に陥ってしまう。大変なだけで何にも儲からない。だから、相手にはない、パテントフィーの商品、これしかない商売をしろというわけです。これなら多くの利益を得ることができます。

それで私は、ひとひねりした他と違う、トヨタなどの景品をいろいろと工夫しました。そんななかで今でも非常に売れているのが、当時の私の特許商品第一号です。他にも車の景品で、フジカラーというノボリがありますが、あれも私の特許で、今でもロイヤリティーをもらっています」

発明家の師匠の影響は大きく、

「そのやり方、考え方は、私自身に染み込んでおり、今も変わらず、そういうのばっかりやっています」

と苦笑いする外越社長だが、一方、子どもの頃からの空への夢、飛行機への夢も忘れてはいなかった。フジカラー号という飛行船による宣伝広告をやるなど「宣伝広告兼飛行機」という仕事の下地をつくっていって、一九八七年六月に設立したのが、会員制のヘリコプターとセスナの運航会社、オリエント航空（株）。こちらのほうは、

「時はお金では買えません。しかし、場所から場所への移動の時間は買えるのではないでしょうか。従来とは違った交通機関を利用すれば、今までよりも短時間に移動することが可能だとすると、その別な交通機関に要する費用は、『時間をお金で買う』ということになります。そんな意図から、この航空の事業会社を設立しました。今は、たとえば、三十二人乗りのジェット機でゴージャスな旅をしたいという人のために飛ばす、といったことを考えています」

とのことだ。

こうした外越社長の、これまでの波瀾に富んだ人生体験が、今のスリーディ・コムの経営にいろいろな意味で役立っていることは言うまでもない。

【2】「型破り」の遺伝子を持った経営者の人物像

「ジイさんもすごかったけど、オヤジもすごかった」

と外越社長が話すように、祖父も父親も型破りの人生を送った、すごい人だったようだ。外越社長は、そうした「型破り」の遺伝子をしっかりと受け継ぎ、その血は脈々と体内を巡っている。

●●●●・「誇大広告宣伝」の祖父と「タダモノではない」父

外越社長の「ジイさん」は、明治時代の超有名人、岩谷松平（一八四九〜一九二〇）だ。当時、「天狗たばこ」の岩谷松平の名前は、日本全国に知れ渡っていた。

明治の中ごろから、たばこ産業は大都市を中心に、問屋制手工業より工場制手工業へ、そして工場制工業へと移行。生産力が向上するにつれてたばこ商に資本が蓄積され、近代的な会社形態をとる者も現れるなど、たばこ商は成長を遂げた。

その代表的な人物が岩谷だが、たばこ商たちは、より多くの商品を販売するために、あらゆる媒体を使って宣伝合戦を繰り広げた。特に、東京の岩谷松平の岩谷商会と京都の村井吉兵衛の村井兄弟商会の華々しい宣伝合戦は、全国津々浦々まで評判になったものだ。

天狗たばこは、日本最初の紙巻たばこで、岩谷商会は国産の葉たばこを原料とした口付たばこが主力だった。

岩谷松平は、二階建ての本店の建物を総赤塗りにして、その正面に鼻の高い天狗の面を赤、金、銀、青など色とりどりに並べて見せ、岩谷自身も赤い洋服で赤い馬車に乗り込み、「広告の親玉」「安売りの隊長」「東洋煙草大王」「国益大王」などと自称。莫大な税金を払っていることをアピールする「驚くなかれ、税金たったの五十万円」、失業救済をやっている意味を含ませた「慈善職工三万人」（共に数字は年々増加した）などのいささか誇大広告的なキャッチフレーズを看板やポスターに多用した。

作家の永井龍男は岩谷を主人公にした小説「けむりよ煙」で、店の大きさを、「銀座三丁目の『岩谷天狗』は煙草屋には違いないが、間口は三十間、奥行きはそこから三十間堀の河岸まであった」、岩谷の風貌を、「鼻下に八の字髭をたくわえ、やや目玉のとび出た、二十貫余はあるかと思われる大男である」と書いている。

後年、岩谷は東京府（当時）選出の衆議院議員に選出されるが、やがて、たばこの専売法が施行されてたばこ事業は政府の手に移った。

このときに買い取られた代金で、出身地の九州に戻って、岩谷松平らは日本で初めてのタクシー会社を興すことになる。

「故郷の鹿児島に行くと、いつもジイさんの話題になります。私が生まれる前に亡くなっていて、会ったこともひざに抱かれたこともないのですが、何か非常に懐かしい思いがしますね」

また、父親については、

「戦前、オヤジは中国大陸で、今の三井物産よりも大きい会社を経営していました。社員は五千人くらいいたそうです。それも、終戦で裸一貫。鹿児島に帰って来て、鹿児島日産を立ち上げ、日産自動車のセールスで四年連続一位になっています。まったくの仕事の虫で、一日に何度も家に帰って来て、会う相手によって服装を取り替えていく。

『ああいうふうになりたい』

と、父親に憧れたものです。もっとも、その一方では、『銀星』という名前にこだわって、銀星建設、銀星モータースだの七つぐらいの会社を始めましたが、全部倒産させました」とのこと。

母親と兄弟三人が東京に移り住んだときに、月々の仕送りが当時のお金で五、六十万円だったとか。今なら三百万円以上だろう。やはり、普通の人とは違う。タダモノではない父親だ。

●●●•「大胆かつ繊細」そして、「こだわらない」

その顔つきは穏やかというか、ごく普通。外越社長が話すような破天荒な生き方をしてきたとは思えないが、様々な体験を経て得た人生観は何か。

「そんなむずかしいものはありませんよ」と断りながら、外越社長はこう続ける。

「カッコウいい言葉で言えば、大胆さと繊細さの両方を持って生きていきたい、ということです。『大胆かつ　細心』という言葉がありますが、私の場合は、細心ではなくて、繊細。細心というのは、注意深いとか用心深いといった意味ですが、繊細は気遣いです。細心と繊細では大きな違いがあります。大胆は、明るさとかやる気に通じますが、じめじめしていては私たちのような商売はやっていけません」

それと、もうひとつは、「こだわらないこと」だという。ひとつのものや商売にこだわったら、何もできないという結果に終わることが多いので、どんどん転換していくことが大事とのことだ。

外越社長がこれまでやってきた仕事や事業については、それぞれはほとんど「つながりがない」し「脈絡がない」。それはなぜなのかと、よく聞かれるそうだ。これも、

「その時代、その時代でやりたいことをやっているだけ」

というのが、外越社長の回答。そもそも理屈付けすることに無理があるという。たまたま、つながりや脈絡がある場合もあるし、そうでない場合もある。いわゆる、そうしたことには、「こだわらない」というわけだ。もっとも、こだわらない、とは言っても、前のことと後のことが、何らかの形で関係やつながりがあることは少なくないようだ。

「成功か失敗はともかく、いろいろな会社を興してきました。自分で言うのもおかしいのですが、周囲がびっくりするようなものすごいエネルギーです。

やはり、特に今の時代は、こだわっては負け。自分はそれしかできない、と決めつけないで、のびのびとやっていきたいですね」

と話す外越社長。では、これからさらに飛躍しようとしているスリーディ・コムに対しては、どう思っているのか。それは、

「3Dは今の時代、これからの時代でやりたいことのひとつ。まだまだチャレンジしたいことがたくさんあるので、大いにがんばっていきたい」

とのことだ。

著者紹介

吉岡 翔(よしおか・しょう)

社団法人日本経営協会勤務等を経た後、フリーライターとして「週刊文春」「週刊朝日」「プレジデント」「財界」各誌の仕事に携わる。著書には、『老後の「ここが知りたい」 健康・福祉・衣食住・資格・再就職・生きがい・生き方のケース』(東洋書店、1995年) 『消費者金融の「ここが知りたい」 賢く利用するための究極の業界バイブル』(あいであ・らいふ、1994年)『タダでもらえる公的資金徹底ガイド 知らなきゃ損する 起業・事業の運転資金から苦しいときの資金繰りまで107の知恵』(日本文芸社、1997年)『交通事故に負けない被害者の本』(日本実業出版社、2001年) 等がある。

立体映像革命

2002年3月25日第1版第1刷発行

発行者――村田博文

発行所――株式会社財界研究所

［住所］〒100－0014東京都千代田区永田町２－14－３赤坂東急ビル11階

［電話］03－3581－6771［FAX］03－3581－6777

【関西支社】〒530－0047大阪市北区西天満４－４－12近藤ビル

［電話］06－6364－5930［FAX］06－6364－2357

［郵便振替］00180－３－171789

［URL］http://www.zaikai.jp

装丁――中山デザイン事務所

印刷・製本－図書印刷株式会社

乱丁・落丁本は小社送料負担でお取り替えいたします。

ISBN4-87932-021-8 Printed in Japan 定価はカバーに印刷しております。